九型人格重塑你的职场优势

刘毅平　著

民主与建设出版社

·北京·

图书在版编目（CIP）数据

九型人格重塑你的职场优势 / 刘毅平著 . -- 北京：
民主与建设出版社，2023.6

ISBN 978-7-5139-4271-3

Ⅰ . ①九… Ⅱ . ①刘… Ⅲ . ①人格心理学 – 通俗读物
Ⅳ . ① B848-49

中国国家版本馆 CIP 数据核字（2023）第 116393 号

九型人格重塑你的职场优势

JIUXING RENGE CHONGSU NIDE ZHICHANG YOUSHI

著　　者	刘毅平	
责任编辑	郎培培	
封面设计	金　刚	
出版发行	民主与建设出版社有限责任公司	
电　　话	（010）59417747　59419778	
社　　址	北京市海淀区西三环中路 10 号望海楼 E 座 7 层	
邮　　编	100142	
印　　刷	北京旺都印务有限公司	
版　　次	2023 年 6 月第 1 版	
印　　次	2023 年 8 月第 1 次印刷	
开　　本	787 毫米 ×1092 毫米　　1/16	
印　　张	14.5	
字　　数	199 千字	
书　　号	ISBN 978-7-5139-4271-3	
定　　价	58.00 元	

注：如有印、装质量问题，请与出版社联系。

九型人格赋能

职场竞争力

卢福财

江西财经大学党委书记

2023.4.7

前　言

　　职场指职业场所或职业社会。职场中什么是最重要的呢？是人和事，还是人和人呢？聪明的你，一点即通，无论事情、场所、设施如何变化，都需要人来管理组织、实施解决和推动执行。自然，人是职场的核心因素。

　　你身处职场吗？是否正面临职场风波或者晋升难题？你对领导的管理风格了解吗？对客户的性情喜好把握准确吗？你能有效激发下属工作的主观能动性吗？你了解自己的性格特质和天赋优势吗？你想找到提升自我管理水平和领导水平的康庄大道吗？

　　如果你想，就会明白，人的职场核心竞争力，就是洞悉和把握人性的本领！

　　谁能洞悉人性呢？老子著《道德经》第三十三章曰："知人者智，自知者明；胜人者有力，自胜者强。"能了解别人叫作智慧，能认识自己叫作聪明，能战胜别人是有力的，能克制自己的弱点才算刚强。

　　如何洞悉人性呢？老子把这个机会留给了我，也留给了你。洞悉人性是一项"活"本领，如果没有专业的知识积累、缺乏足够的社会历练、不在别人身上长期实践、则无法验证是否正确有效，那么，洞悉人性只不过是一厢情愿地自欺欺人。

洞悉人性只需要验证以下三个问题：一是人性是千变万化的还是有章可循的？二是洞悉是自圆其说还是能够被验证？三是洞悉人性是让人更加傲慢自大还是更谦卑容人？这三个问题的答案就藏在本书中。

在多年来实践和教学的 Disc、Pdp、Mbti、性格色彩测试、大五人格理论等诸多性格分类心理学中，我首推九型人格学。因为，它是全球几十亿人的九种人格分类学科，为人们呈现了不同类型人格内心的世界观、人生观、价值观，是一门让每个人都能够看到自己的天赋优势，看到自己的盲区，看到别人的内心的学问。

让我们先来了解一下九型人格：

九型人格，顾名思义，就是九种人格分类方法。这里的"人格"，不是广泛意义上的人格，也并非心理学上的性格，它远比性格的范畴要广。

总结 12 年 274 场一品九型工作坊教学活动经验，愚以为，九型人格是不同人看待世界的"三观"，即世界观、人生观和价值观。

世界观是你看待这个世界的视角，比如看见太阳落山，有人赞叹最美不过夕阳红，有人惆怅"夕阳无限好，只是近黄昏"。人生观是你认为这辈子应该怎么活，有人认为应该戎马一生、精忠报国，有人却享受花前月下、浅吟低唱。而价值观是你认为什么才是有价值的，有人觉得施大于受，被爱是福是有价值的；有人认为防患于未然，提前预判是有价值的。面对这些问题，你会发现，站在不同的立场来解释，这些答案都是正确的。

忽然之间，是不是发现自己找不到唯一的答案了？是的，九型人格就是帮助你找到不同人性解题答案的，其中，当然包括你自己。

本书共有十一章，分别是导读、1 号至 9 号人格的详述和后记部分。

导读由九型人格概述、简便运用、学习误区和探索型号雷区的提醒组成；1 号至 9 号人格详述的章节里面，分别按照由外而内的顺序，由型号概述、客户的销售策略、下属的管理方法和自我领导力提升四个模块组成，涵盖了职场工作中的方方面面。如果有人问，毅平老师，不是还缺少和领导沟通的向上管理吗？当你把领导当作内部客户的时候，就是在做向上管理，与第二模块的客户销售策略同理，融会贯通的你就会明白该怎么做才最有成效！

其中，型号概述部分，是我十多年前学习九型人格、实践运用和九型人格全球学会 EPTP 认证导师考核结果的呈现，这不是一家之言，也不纯属是经验之谈，是我站在专业学习和考核基础上的总结和提炼，也请允许我感谢九型人格全球学会 EPTP 亚洲中心各位老师对本人的教育和指导。

客户的销售策略模块是我在 2011 年至 2020 年期间，针对许多企业共同面临的问题所进行的详细剖析及归纳总结，每一种销售策略都致力于让职场人士看得明白学得会。

因人而异的团队管理模块是我自 2011 年以来，针对企业内训和卓越团队建设的培训实践总结而成的。

自我领导力提升模块是我在举办 274 场一品九型工作坊教学活动中，由企业家和管理者自身素质和能力提升的训练、实践情况总结而成的。

简而言之，本文理论性不强，更注重操作实践和自我见证。

我的写作初衷便在于此，在活学活用九型人格并结合自己的职场经验，以及十多年来组织的教学活动经验的基础上，在客户销售关系、领导关系、同事相处关系和自我突破关系中，彻头彻尾地运用和发挥九型人格的智慧，以帮助更多人在销售领域和职场当中看得更远、走得更稳。

刘毅平

2022 年 7 月

推 荐 序

或许大家不知道，刘毅平这本书的第二版就放在我的书架上，"沉睡"了好几年了，我以为他早就放弃了，没想到他真的坚持下来了。首先，我要为他在学术上的精进和负责点赞。

最早认识刘毅平，是在 2014 年广州凤凰城的九型人格世界大会的彼得会后工作坊里，因为大家都是同学，就闲聊了几句。后来，在 2015 年青岛举行的国际中华九型研究应用会的首届年会上，他临时客串主持人，谁承想，他的出场令大家眼前一亮，尤其是他专业、幽默而不失严谨的主持风格赢得了满堂喝彩，给全场留下了深刻的印象。我才发觉他演讲能力超群，做事细致且认真。

首届年会举办得很成功，选出了首届理事委员会。在这届理事委员会的团结共事下，2017 年，《九型人格与成长的智慧》出版了，该书也成为高校大学生的选修教材。目前我们得知，已经有很多所高校在开展相关的课外教学以及研究活动，如武汉大学、江西师范大学等，大家共同为九型人格这门学问走进高校，进行着有益的尝试。

我和刘毅平有过类似的职场经历，都曾在上市公司的管理岗位上任职，在学习和研究九型人格期间，经常有意识地进行人物的对应和实践，而我更倾向于用数学模型与模式识别方法结合大样本对标方式，最终得出一个动态的比对值，让测评者以自我测评量表的方式来自测属于哪个型号，然后，再由系统给出相应的测评报告。同时，测评者可以在不同的型号学习区、各地的九型人格俱乐部进行深入学习、研究和分享，使九型人格从内心感觉量化成数据比对，形成庞大的数据库系统，以供在手机端和电脑端学习和运用。

而刘毅平不同，他是直接将之运用在如何与不同型号的客户达成销售、如何与不同型号的同事积极相处，以及如何针对自己的型号进行领导力提升等方面。我想，我们的路径虽然不相同，但都是为了更好地帮助大家运用九型人格这门学问经营好职场中的各种关系。

通读全文，这些都是刘毅平多年来身处职场的经历和教学总结，或许你经常会有会心一笑的时刻，因为文中描述的每一种型号，似乎在现实社会都能够被找到，而文中所列举的案例和方式方法，都是最简单、直接、有效的，可以让你在短时间内迅速地掌握且运用自如，它也是自我探索和成长的一本工具书，就像一面镜子一样，帮人照见自身的特点并有针对性地进行自我完善。

我把这本书推荐给所有职场人士和对人性感兴趣的人，它既不像国外的翻译书那样难懂，也不像典型的理论书那样难记，它有着鲜明生动的表述风格和精练简洁的模块设计，读起来饶有兴致，相信一定会在职场晋升和提升自我认知方面助你一臂之力。

中国九型人格网 CEO

沈有道

目　录

第一章

导读：
九型智慧，与你有关

一、初识九型，与你有关

说到九型人格，首先让我们来了解一下什么是九型人格。顾名思义，九型人格就是九种人格的分类方法。很多刚刚接触九型人格的朋友，或许对其中的名称或定义特别感兴趣，比如当导师说到"2号①助人型、7号活跃型"人格的时候，或许马上就会给自己下一个定论：哦，老师，我是2号助人型加7号活跃型！你看我平时是比较喜欢帮助别人的，也是很开朗的，所以我就是复合型！究竟是不是这样呢？我们先打个问号，因为我们看到的只是这种型号所描述的行为，然而行为并不等于人格，在行为和人格之外，还有性格。

因此，在对人的分析中，至少需要用到三个词语：行为、性格和人格。它们的关系是怎样的？我们用一个简单的比喻来了解一下。

如果我们用一棵苹果树来比喻的话，那么行为就好比苹果树上挂的苹果，性格就是苹果树的枝干，而人格就是苹果树的种子。

你会发现，苹果种子，不管在任何地方栽种，它结出来的一定会是苹果而不是梨。当然，由于地域不同、土壤不同、天气不同，有的苹果大，有的苹果小；有的苹果甜，有的苹果不甜。

看到这里，大家应该能明白了，我们的性格是后天形成的，由原生家庭、教育环境，还有职业经历等造成，这导致了人们的行为结果存在很大的差异性。

这就可以解释：为什么同样是4号自我型人格，既有林黛玉这样郁郁寡欢的，也有杨丽萍这样灵性通达的，还有王菲这样具有天籁般嗓音的，她们虽然有着不同的外在行为特点，但都有一个共同的性格基因——与众不同。

综上所述，人格就好像是性格的基因，它是一成不变的，你生来是什么人格就是什么人格，基因不变，型号不变，那会变的又是什么呢？会变的是你的性格。性格会随着后天学习和环境的改变而发生很大的变化。

---

①九种不同的人格类型简称"×号"，下同。

在九型人格中，每种型号都有九个健康层级。也就是说，同一个型号就好比小学、中学、大学一样，被分为九个健康层级。

然而，并非所有的人，都能够"大学毕业"，即活在健康层级最好的状态。有的人或许一直停留在一般状态，或者说是没有成长的状态，甚至越活性格反而越单一、越僵化，与人交往越来越格格不入，包括对自己越来越不接纳。

这就说明了即使是同一个型号的人，有健康层次高的，与自己、与他人、与社会能够和谐共生；也有健康层次低的，与自己、与他人、与社会关系紧张。我们常说"嗯，那个人性格很好"，就是指他的性格丰满，待人处事上颇为成熟，说一个人性格不大好，大抵就是指此人性格单一，在性格成长方面没有经过足够的历练，不够丰富，缺乏待人处事的经验和方法。

那么，只要你"掐指一算"就能得出，九种型号九个健康层级，总共有九九八十一条路，如果你没学习九型人格的话，或许要经历各种各样的成长道路，就好像唐僧去西天取经，要历经九九八十一难。然而，当你清楚在九型人格中，自己是哪种型号，活在哪个健康层级的时候，就只需要选择其中一条路来走，这就意味着节约了你的试错时间和探索空间，换个角度来说，也是延伸了你的生命体验。

九型人格，它是透过外在的言行举止，来揭示你为什么会产生固有行为模式的内在发心动念，而发心动念，就是这个型号的内在，它分别通过思想局限、情绪习性和行为习惯表现出来，当有一天我们发现了自己的型号时，无异于发现了"人生说明书"一样。

或许有人不禁要问，了解自己的发心动念有什么意义呢？打个比方，就好像把马和牛养在一起，它们都可以拉犁耕田，但是忽然有一天，马回到了草原，发现奔跑才是它的生命场，那么它就可以选择适合自己成长和生活的场所，选择可以发挥自己天赋和才干的平台。所以说，一个人要想真正对自己负责的话，就应先了解自己的内在优势，把自己的优势发挥在适合的领域，而并非大家眼里较为体面的工作中。也就是说，发挥自己潜在的工作优势。

如今，全球五百强企业，包括惠普、可口可乐、微软等，很多公司都在运用九型人格来组建团队，进行集体决策。所以，它是一门需要用心并持久学习和体验的学问。

那么九型人格，都包括哪些呢？下面将为您一一解读。

二、向外看：Q版九型，教你识人

在正式深入解析每种型号人格之前，我们将九型人格中九种人格的外貌、形态进行简单的分析和归类，以便今后在与客户沟通、自我分析时能有一个素描对照。当然，并非这种型号的人就一定会是这样的言行，很多人因为家庭、教育、职业的原因，在外在的言行举止上有了很多职业化的特征，所以文中描述的是人在生活中和一般情况下常有的言行举止和表现。

1号完美型人物图

1号完美型：我"正"故我在——重原则，不易妥协，黑白分明，情感内敛，对自己和他人均高标准严要求，追求细节完美。

1号完美型看起来：身形较挺直，肢体语言单一，面部表情较礼貌，穿着同色或者条纹状服装（职业化服装）较多，常用"应该""不应该""对""不对"等口语，思维模式为线性思维，即处理问题往往持"对或错""做或不做"的线性思维模式。

2号助人型人物图

2号助人型：我"爱"故我在——善于感知他人需要，能与人建立良好的关系，助人为乐，容易忽略自己，乐于迁就他人。

2号助人型看起来：身形较柔软，肢体语言丰富，多迎合面部表情，穿着好看或者潮流型服装（宽松）较多，常用"你真好""好啊""我来帮你""你歇息下""欢迎欢迎""好啊好啊"等口语，思维模式常以对方的需求为转换，即以他人的需要为出发点的思维模式。

3号成就型人物图

3号成就型：我"优"故我在——目的性强，喜欢被赞美，注重实干、锻炼能力，讲究效率，希望出人头地，内心渴望成为在优势领域被关注的焦点。

3号成就型看起来：身形较灵活，肢体语言较丰富，有符合场景和身份的面部表情，穿着醒目或者时尚型服装（男士注重体形）较多，常用"行""可以""我来""快点儿""说实话"等口语，思维模式为目标导向思维，即注重做一件事情对自己有没有用、对自身能力有没有提高以及做这件事情有没有价值等。

4号自我型人物图

4号自我型： 我"独"故我在——忠于内心感受，在与人交往方面可能特立独行，艺术创作有创意，不从俗、不跟随，常觉得别人不懂他，要"真实"追随内心的声音和独一无二的自我。

4号自我型看起来： 身形较消瘦，肢体语言独特，面部相对忧郁或者单一，穿着特别或者另类服装较多，常用"嗯""我感觉""有品位""说不明白"等口语，思维模式为点性思维，即跟随自我内心的情绪变化，极少与现实紧密结合。

5号理智型人物图

5号理智型： 我"知"故我在——习惯观察世界，享受阅读思考，善于透过事物表面分析和探寻其内在的规律，热衷研究自然科学、历史和宏观微观世界，对物质生活要求不高，而精神生活丰富。

5号理智型看起来： 身形比较挺拔，肢体语言较单一，面部表情无明显变化，穿着随性或者便服（宽松）较多，常用"有道理""逻辑""规律""结构""体系"等口语，思维模式为整体思维，即考虑问题会做方方面面发散性的收集与思考，系统思考的架构既注重点面结合，又考虑来龙去脉。

6号忠诚型人物图

6号忠诚型：我"忠"故我在——为人严谨，做事小心，习惯成为团队中的一员，凡事先做最坏的打算，不轻易作出决策，习惯团队生活，善于发现危机，这一类型的人物多为解决问题的高手。

6号忠诚型看起来：身形较适中，肢体语言不多，常带有疑惑的面部表情，穿着职业或者大众化服装（不醒目）较多，常用"有情况""万一""有可能""嗯，不一定"等口语，思维模式为逆向思维，即不仅懂得居安思危，当危机来临的时候也能坦然面对。

7号活跃型人物图

7号活跃型：我"乐"故我在——为人乐观豁达，处事交友随心随性，热爱大自然，追求新鲜、刺激感，精力充沛，思维跳跃不固定，善于捕捉不同事物之间的关联性。

7号活跃型看起来：身形柔软灵活，肢体语言丰富多样，呈现随口笑的面部表情，穿着花样或者非主流服装（牛仔服）较多，常用"好玩儿""好啊，去啊""有可能""好主意""好赞"等口语，思维模式为发散式思维，即奉行"存在即合理"，即便是糟糕的状况，也坚信有其好的一面的思考模式。

8号领袖型人物图

8号领袖型：我"强"故我在——追求公平和正义，关注权威中心，习惯掌控大局、保护弱者，善于成为团队领袖或者独当一面的将才，做事实干，说话直接，习惯家长式包办管理。

8号领袖型看起来：身形较魁梧，肢体语言自信果断，呈现威严的面部表情，穿着大方或者品牌服装（宽松）较多，常用"不行""听我的""我说了算""就这样""没商量""OK"等口语，思维模式为直观思维，即掌控话语权、掌控环境主导权。

9号和平型人物图

9号和平型：我"和"故我在——人群中的"老好人"，办事耐心、待人和气，团队和睦，能与人、与自然、与社会和谐相处，随遇而安，常常以他人的主意为主意，以他人的立场为立场。

9号和平型看起来：身形较丰满，肢体语言懒洋洋，呈现和气的面部表情，穿着舒服或者大众化服装（柔软）较多，常用"好啊""好的""嗯，是这样的"等口语，思维模式为资源导向式思维，即跟随主流、附和大家的决定和立场，缺乏独立见解和主张。

简单了解了九型人格的特点之后，仔细想想，你的客户中有没有这种类型的人？你的领导中有没有这种类型的人？你的同事中有没有这种类型的人？你自己又是哪一种类型？

了解这些有助于你在工作时，根据客户的人格类型更好地开展工作；也有助于你在管理中，根据上级、下属、同事的不同特点选择不同的沟通方法，提高管理效率；最重要的是有助于你了解自身性格的优缺点，从而扬长避短，成为卓越的领导者。

三、向内看：自测九型，觉察自我

五分钟自测题

下面九篇短文描述的是九种不同的人格类型，这九种人格类型没有好坏之分，每篇短文都简单地概括了一种人格类型，没有一篇短文能完全涵盖一个人的人格特征。

1.阅读并选择三篇最符合你人格类型的短文。

2.注意，每篇短文可能都只描述了一部分性格特征，但是你只能选择最符合自身性格特征的短文。另外，在你作出选择时，请务必将每篇短文作为一个整体来理解，切不可脱离全文仅理解个别字句。在进行选择时，你可以这样问自己："这篇短文从总体上来说是否比其他短文更符合我的个性？"假如你觉得难以选择，那么可以参考别人对你个性的描述来作出选择。由于人格类型通常在成年后才定性，所以你也可以选择一种最符合20多岁时自己的人格类型。

3.记住你的选择。在读完并选择三篇最符合自己人格类型的短文之后，请记住你的选择，用短文对应的型号进行排序，然后参考亲近的人或最了解自己的朋友的意见后，依次排除另外两种人格类型，最后留下来的型号很有可能就是你的型号。（截至目前，这套心理自测题的平均准确率在60%左右）

1号完美型

我善于发现错误，对正确率有很高的标准，总是不自觉地要求自己要达到那些标准。我能轻而易举地找出错误之处，并且知道应该如何改进。我常给人留下过于严厉甚至吹毛求疵的印象，如果事情没有按照应有的、正确的方向发展，我就会感到无法接受。

我对自己的要求总是比对别人的要求还要高，我相信只有自己"以身作则"，才可以去要求他人，但是这一点也让我身边的人倍感压力，和我在一起，很少能体会到愉快和放松，我深知这一点但又很难令自己放松下来。

2号助人型

我总能轻易地发现别人的需要，对别人的情绪变化很敏感，哪怕自己不认识他们。有时候，没能满足别人的需要是一件让我难过的事，尤其是当看到别人沉浸在痛苦与不幸中时，我经常会主动提供帮助，即使自己没有十足的把握，也很难视若无睹。但是自己有事却从来不愿意去麻烦别人。我常常会因为投入过多的精力去照顾别人，而忽略了自己的感受。

虽然经常有人说我感情用事，常常帮了别人忘了自己，甚至从来不好意思提报酬，可我就是觉得人情大于天。我认为每个人都要学会爱别人，爱别人就是爱自己，大家都生活在大爱的环境中多好啊。

3号成就型

我总是希望别人能看到我优秀的一面，所以我会为了持续地提高自己的各项能力，多年来孜孜不倦地努力，也曾小有成就，获得过别人的赞誉。我感觉自己总是很难停下来，总是想做些什么来证明"我是优秀的"，尤其是看到别人比我更有成就时，这种感受会更加强烈。

我也欣赏自己的上进心和执行力，因为我坚信一个人的价值在于自身的成就和他人的赞誉，甚至常觉得自己要光耀门楣、扬眉吐气。我总是在规定的时间里尽可能地多做一些事，以体现更多的个人价值，所以为了把事情做好，我常常忽略身体和情感的感受，也顾不上自我反省。

因为经常有很多事情要做，我难得闲着，也难得休息，所以我对那些不会利用时间的人缺乏耐心。有时我会从那些办事太慢的人那儿抢活儿干，我不能容忍别人慢吞吞地干活儿，我认为那样简直就是在浪费时间。我喜欢跑在前面的感觉，我还喜欢竞争，在我擅长的领域里面，我是一名最出色的竞赛选手。

4号自我型

我总是容易沉浸于抑郁的情绪中，而且我是一个极其敏感的人，情绪波动很大，阴天、落叶，或者一个人静静待着都会影响我的情绪。我经常被人误解，甚至在别人看来有些孤僻不合群，因为我觉得自己天生与别人有所不同。有可能在别人眼里，我的所作所为就像是在演戏，而且也曾因为过度敏感和夸张的情绪而受到他人的质疑、排挤甚至是恶意批评。

我这一生都在寻求心灵的共鸣和他人的理解，却总是因知己难寻而郁郁寡欢。有时候我也想知道为什么别人比我活得快乐，人缘也比我好得多。或许我天生就与众不同吧。我对美学有很敏锐的感知，而且我有丰富的情感世界，我希望活出一个"理想化"的有品位的自我。

5 号理智型

我总是习惯在远处观察人群，我认为自己是一个安静、善于分析的人，比起大多数人，我喜欢多花一些时间独处，而且是在自己认为安全的空间里面。通常，我喜欢在一旁观察事情的进展，而不大愿意参与其中。如果我感兴趣，就会全面地观察和分析，探索其中的奥秘。

我不喜欢别人侵占我的时间和空间，包括个人计划，也不愿意别人窥探我的生活，更不喜欢他人不请自来，打断我原本的计划和安排。我独处时，能更深入地体会阅读知识、收集信息带来的充实感，而且我经常能从重温旧事中得到经验，这一点在初次尝试某件事时是达不到的。

6 号忠诚型

我总能轻易地发现周边环境中隐藏的危险，因为这个世界充满太多的不确定性，所以我极富想象力，我脑海里常常预演危险或者恐惧的画面，尤其是在人身安全受到威胁时，害怕与恐惧就会立刻涌上心头，所以我认为自己必须做好万全的准备以防不测。

通常，我会避开危险或者第一时间考虑最坏的情况，先发制人，直接正面挑战并控制局势。另外，丰富的想象力还使我变得机智和幽默，我希望把生活维持在稳定状态和可控状态，但是我时常因为敏感多疑而不断求证自己周围的人和事。

我常常能发现别人观点中的失误和不足，比如此人言行不一，因此我猜想有人会觉得我很机敏。我敢于挑战权威，求证权威，但是，当别人把我当作权威时，我会觉得特别不自在。由于我能敏锐地发现别人观点中的错误，所以总能找出失败者失败的原因，而且一旦我经过求证决定为某人或者某个组织奋斗时，便会死心塌地地坚决执行。

7号活跃型

我总能轻易地发现生活中有趣的事物，我是一个天性乐观的人，爱玩，好动，喜欢尝试新鲜、有趣的活动。我的头脑灵活，思维跳跃，常常会将不相关的事物联系在一起，我喜欢把错综复杂的观点汇聚起来进而构成一幅美好的蓝图。当将原本不相关的事物联系在一起时，我会变得很兴奋，而且我会花许多精力去做这件事，不是因为钱，纯粹就是爱好，而对于机械的、按部就班或者重复的事，我就会缺乏耐心与兴趣。

我总是喜欢幻想美好的未来，我特别喜欢制订计划或完成处于准备阶段的工作，因为此时会有许多有趣的选择可以考虑。当我对某件事失去兴趣时，就会立刻叫停，然后转身投入另一件让我感兴趣的事当中，即使有什么事情会暂时使我沮丧，我也会很快将注意力转移到令人更愉快的事情上。我相信这个世界的美好就在于，人们有权利选择过更开心快乐的生活。

8号领袖型

我总是容易关注某个场合里的主动权被谁控制了，这个场合对待每个人是否都是公平的，因为我相信这个世界一定属于强者。所以我必须自立、自强，创造属于"我的世界"。我沉迷于权力的世界，从来都不愿意也不会被谁控制。所以我的行事方式比较直接，不会拐弯抹角；要么不做，要么做好，尤其热衷于处理那些与大家息息相关的事情。

我十分崇尚坚强、诚实和独立的品格，我相信"眼见为实"这个道理，我从不轻信他人，除非他们向我证明自己是可信的，我喜欢别人以直爽的态度对待我，不喜欢拐弯抹角，我讨厌别人欺骗我，更不愿意被人指使。

另外，我不能很好地控制自己的情绪。当我生气时，我很难掩饰自己，总是容易冲动或者发怒。我通常站在朋友和爱人一边，尤其是当他们受到不公正对待的时候，我总是第一个冲上去保护他们，我会让他们感受到我的存在，我始终像个保护者一样，做他们坚强的后盾。

9 号和平型

我总是顾及他人的立场，因为我相信，人和人之间本就该和谐相处，虽然有时候会被某些人的欲望破坏。所以，我主张放下内心欲望，和大家一起和睦相处。

通常，我能够全面地看待人和事，即使是细微之处，我也能捕捉到。由于能顾及所有人的立场，所以我往往希望让别人做决定，而我只要附和就可以了。假如面对有矛盾的双方，我往往能看到双方的优点，凭借这种能力，我可以轻而易举帮助别人解决分歧。有时候，这种能力还可以使我清楚地看到别人的处境，但对于自己，我做不到这一点，甚至有时候会自我麻醉或遗忘逃避。

我有时候可能会轻重不分，捡了芝麻丢了西瓜，或许我不知道对自己来说什么才是真正重要的。为了避免发生冲突，我常常附和别人，所以在别人眼里，我是一个随和的、能让大家舒心的"好好先生"，我喜欢舒适、自在而和谐的生活，通常不会与他人正面起冲突，同时，我也希望别人能够接受我。

附：型号的深入探索路径

探索自身的型号特质有四个步骤如图 1-1 所示：

一、做测试题（网络上的测试题样本大多来源于欧美国家，在中国的准确率为 60%～70%）。

二、收听讲解（在九型人格导师尤其是接受过多年专业系统训练的导师组织的工作坊中，比如在九型人格全球学会EPTP导师训练系统的九型工作坊中，认真听讲，对号入座，认识自己）。

三、参加课堂访谈小组（在工作坊或者课堂的座谈小组、访谈小组中互动探索，了解自己深层次的内在模式）。

四、进行一对一分类访谈（与九型人格导师进行一对一分类访谈，深入了解每种人格类型的核心特质、关系困扰以及成长方向）。

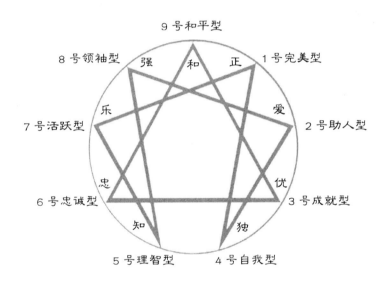

图 1-1 九型人格图

那么，对于刚刚接触九型人格的朋友，容易混淆不同型号的描述，总觉得自己是几种型号的复合型，从而产生一种模糊的概念和似是而非的想法，那么，到底有哪些情况会影响我们对自我型号的认知与选择呢？

四、学了十年九型人格，难道学错了

绝大多数人第一次接触九型人格时，开口便会问："导师，我是哪种类型呢？"

这是个绝佳的提问！因为以下几种回答，可从侧面体现导师在九型人格领域的学究深度和实践广度：

1. 直接回答"你是×××"：从行为层面来倒推一个人的人格类型可能性，往往以九型人格初学者居多。

2. 委婉地回答"你的人格类型请自己探索"：把探索权交由当事人，这是九型人格口述学派传统的教学方法，也是九型人格导师通常倡导的回应方式。

3. "你可能是××型，也可能是××型，请不断探索"：给出当事人两种选择，让其在限定答案中进行自我探索，节约大量的时间和精力，这是九型人格专业导师的教学法。

4. "你可能是××型，因为……"：这是受过系统型号辨识和访谈专业认证九型人格导师的回应。因为他会从你的肢体语言、穿着打扮、表情眼神、讲话的语调、聊天内容，特别是回答方式上，对你进行分析，这是区分"你是××型！"和"为什么是××型？"的分水岭，这个分水岭，一边是爱好者，另一边是专业研究者。

5. "你可能是××型，因为……，究竟是不是××型，请深入探索"：这是受过系统型号辨识训练，并且通过综合考牌的九型人格专业导师给出的回应，既给出分析，又给出当事人想象的空间。

看到这里，你会不会认为只要弄懂自己是哪种类型的人就可以了，但要当心因此而走入思维误区！

因为，九型人格从来就不是一个又一个的标签，当你把它贴在自己或者别人身上的时候，就再一次固化了自己的看法。不同的型号，就是不同的个性执着，也意味着个性当中的逃避。例如，一个人总是不自觉地活在一种模式中"我要怎样，我不要怎样"，而"怎样"，就是理想化的自己，为了成为理想化的自己，人们终其一生都在界定自我，而不自知。

比如，当你认定自己就是这个类型的人时，或者，当你自我催眠作出误判，并且将型号标签呈现给大家的时候，就大错特错了！

因为，当你知道自己的型号时，只是找到改变的起点，而不是终点，这不是合理化的不用改变的理由。当一个人振振有词地跟你说"我是××型，我一直都会是这样！"的时候，你可以告诉他："不，你错了！"

很多人把九型人格当成"人生说明书"，比如，你要学开车，买一本车辆使用说明书就大功造成了吗？非也！翻开说明书，恰恰是学会开车的起点。

接触九型人格，正是你改变的起点。所以，在这里我有必要告诉大家一个真相，即便这会颠覆之前你对九型人格的看法。

1. 每种型号都携带一种防御机制：每个人身上都会有很多种防御机制，只有属于你自身型号的防御机制是最坚固、最不容易被破坏的，就好像盔甲一样，戴久了，就会变成你自身的一部分。

比如，2号助人型的防御机制叫作自我抑制，即习惯性助人，并不自觉地抑制自己的需求，而他有没有需求呢？答案肯定是有的，只是防御机制太强大了，让人忘了自己是可以表达需求的，长此以往，忽略自己，却不自知。

2. 每个型号还有三种不同的状态——常态、整合态和解离态，我们通常所说的型号特征，往往是指常态下的心理状态，并非整合态和解离态。在生活中，面对熟悉还是陌生的人或环境时，人的心态或多或少会产生一些变化，这说明我们并非时时刻刻都处于常态中，而我们学习九型人格的初衷，就是为找到一条途径，以消除压力并提升自我。

3. 每个型号还有相邻的侧翼（型号 W±1），侧翼是指每种型号的相邻型号，不能跨越，更不存在重叠。每当听到有人讲"哦，九型人格，我学过，我知道我是 ×× 号偏 ×× 号！"，我就想立刻纠正他的错误论。下次，当你也听到有人这么说的时候，可以告诉他："你错了！"

根据我的经验和教学实践总结，这跟当事人在原生家庭童年时期的成长环境有关，往往会导致一个人形成或内向或外向的性格特征。

而我们通常所说的性格太内向，要多跟人交往，在这里，指的就是某一种型号侧翼的力量太强大了，需要我们去调和与平衡另外一边侧翼，所以，同一种型号的侧翼不同，就可能导致一个人呈现出两种截然不同（或内向或外向）的性格特征。

4. 每种型号都有三种副型（自保、一对一以及社交），然而，竟然还有人说副型是另外一种型号，比如，一个人说"我的主型是 4 号，副型是 7 号"，这就完全误解了副型的概念。副型跟胎儿在母体内、婴儿 0～3 岁时在原生家庭中与亲人之间的体验有关，每个人身上副型的比例是不一样的，同一种主型，拥有不同的副型，它们之间的区别甚至会让你觉得更像另外一种型号，比如社交 3 号像 8 号，而自保的 3 号像 6 号，其中涉及更专业的研究和区分，文中不再赘述。

5. 每个型号不是静态的标签，它的内在是动态的，海伦·帕尔默老师的著作《九型人格》中描述了每个型号固有的情绪习性和思想局限，通常情况下，我们都会不自觉地陷入其中，其实，这也是重在"修"自己，将情绪习性修行到最高层，打破思维的局限性。

[美]唐·理查德·里索、[美]拉斯·赫德森老师的著作《九型人格》描述了每个型号的九个健康层级。健康层级就像心电图一样，起起伏伏的，需要我们有意识地进行调整，这重在自我"修"行，当你愿意正视自己的内心活动时，你甚至会惊讶于如此精准！九型健康层次，每个型号的第一、第二、

第三层次属于健康层次，是每个人自我完善和提升的方向；第四、第五、第六层次则属于一般状态，是大部分人的固有模式状态；而第七、第八、第九层次属于不健康状态，说明可能已经出现了一些心理问题，需要及时发觉并调整。

下面是九个型号九个发展层级的概括性描述：

（1）1号完美型人格

健康层次

第一层次：睿智的现实主义者；第二层次：理性与正义的化身；第三层次：讲求原则的导师。

一般层次

第四层次：理想主义的改革者；第五层次：遵从秩序的人；第六层次：极致的完美主义者。

不健康层次

第七层次：偏狭的愤世嫉俗者（强迫症）；第八层次：强迫性的伪君子（严重强迫症）；第九层次：残酷的报复者。

（2）2号助人型人格

健康层次

第一层次：不求回报的利他主义者；第二层次：倾其所有的关怀者；第三层次：扶持性的助人者。

一般层次

第四层次：热情洋溢的朋友；第五层次：占有性强的"密友"；第六层次：自负的"圣徒"。

不健康层次

第七层次：自我欺骗的操纵者（臆想症）；第八层次：高压的支配者；第九层次：身心疾病的受害者（转换障碍、歇斯底里的神经官能症）。

（3）3号成就型人格

健康层次

第一层次：真诚者；第二层次：自信者；第三层次：杰出的典范。

一般层次

第四层次：好胜的成就者；第五层次：以貌取人的现实主义者；第六层次：自我推销的自恋者。

不健康层次

第七层次：不诚实的投机分子；第八层次：恶意的欺骗者；第九层次：怀有报复心的变态狂。

（4）4号自我型人格

健康层次

第一层次：灵感的创造者；第二层次：自省者；第三层次：自我表露的个性。

一般层次

第四层次：富有想象力的唯美主义者；第五层次：自我陶醉的浪漫主义者；第六层次：自我放纵的"例外"。

不健康层次

第七层次：自我疏离的忧郁症患者（边缘型人格障碍）；第八层次：饱受情感折磨的人（重症忧郁症）；第九层次：自我毁灭者。

（5）5号理智型人格

健康层次

第一层次：开先河的幻想家；第二层次：感性的观察者；第三层次：专注的创新者。

一般层次

第四层次：勤奋的专家；第五层次：狂热的理论家；第六层次：极端的

挑衅者。

不健康层次

第七层次：孤独的虚无主义者（开始出现心理疾病，如分裂型人格障碍、分裂样人格障碍）；第八层次：可怕的"外星人"；第九层次：发作的精神分裂患者（精神分裂症）。

（6）6号疑惑型人格

健康层次

第一层次：勇敢的英雄；第二层次：迷人的朋友；第三层次：忠诚的伙伴。

一般层次

第四层次：尽职尽责的忠诚者；第五层次：矛盾的悲观主义者；第六层次：独裁的反叛者。

不健康层次

第七层次：过度反应依赖者（依赖型人格障碍）；第八层次：妄想的歇斯底里者（偏执型人格障碍）；第九层次：自残的受虐狂（边缘型人格障碍）。

（7）7号活跃型人格

健康层次

第一层次：入迷的鉴赏家；第二层次：热情洋溢的乐天派；第三层次：多才多艺的全能选手。

一般层次

第四层次：经验丰富的鉴赏家；第五层次：过度活跃的外向者；第六层次：过度享乐主义者。

不健康层次

第七层次：冲动的逃避主义者（轻躁狂发作）；第八层次：疯狂的强迫症患者（躁狂发作、双向情感障碍）；第九层次：惊慌失措的歇斯底里者。

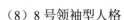
（8）8号领袖型人格

健康层次

第一层次：宽怀大度的人；第二层次：自信的人；第三层次：建设性的挑战者。

一般层次

第四层次：实干的冒险家；第五层次：执掌实权的掮客；第六层次：强硬的对手。

不健康层次

第七层次：流浪者；第八层次：万能的自大狂；第九层次：暴力的破坏者。

（9）9号和平型人格

健康层次

第一层次：有自制力的楷模；第二层次：有感受力的人；第三层次：有力的和平缔造者。

一般层次

第四层次：迁就的角色扮演者；第五层次：置身事外的人；第六层次：隐修的宿命论者。

不健康层次

第七层次：逃避现实、逆来顺受的人（分裂型人格障碍）；第八层次：抽离的机器人（分离性障碍）；第九层次：自暴自弃的幽灵。

看到这里，估计你已经明白为什么说"学了十年九型人格，难道学错了？"。下面这张手绘九型球体图（见图1-2），是区分明白与否的分界线，以后，当别人问你人格型号的时候，或者问你"他／她是几型人格？"的时候，不要直接点明，而应模糊回答。以后与人见面，相互介绍时采取的方式也就拉开了在九型人格学习上的距离。

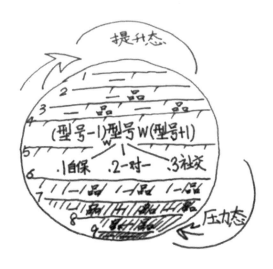

图 1-2 手绘九型球体图

五、自我探索：提防 13 大雷区

很多朋友刚接触九型人格，第一句话就问："刘老师，我是几型人格？"说实话，每每这时我都无言以对。如果我告诉你答案，你就不会向内心探索自我，而是长期活在自我型号的固有模式里面，喜怒哀乐的方式也都和原来一样，丝毫没有改变，因为你认定了自己就是那样的人。如果我不告诉你答案，你又会说，这个老师要么看不懂我，没水平；要么不愿看懂我，没诚意。这样的话，直接告诉或者不告诉，于情于理，都是不对的。

在所有初步接触九型人格的朋友准备开口之前，我们先来了解一下常人初学儿型人格容易陷入的 13 大雷区。

1. 行为等同于人格类型？

有些人通过简单的一个行为，比如疑惑，就会认为："嗯，对，我就是经常疑惑。"他们会觉得立刻找到了自我，认为自己就是疑惑型。其实，那有可能只是他偶尔的行为。如果你是这样，那最好去看看关于型号更完整的描述，来验证你对自己的认知是否正确。因为，不同型号的人可能会表现出同样的行为，型号更多的是指心里面的"想法"，而不是表面上的"做法"。所以通过行为来判断型号不仅是错误的，而且还可能让人觉得一会儿一个型号，变化多端，如果是这样，探索型号就失去意义了。

2. 同时拥有多种型号，是不是人格分裂？

有些人可能觉得自己有两种甚至三四种型号，而且这几种型号在九型人格中往往属于同一个分组，比如2号、7号、9号有很多相似性，这3个型号均属于拥有正向心态，乐观合群组；3号、8号也很相似，被称为强人组；4号、6号也很相似，被称为生反应组。如果你也这样，那最好结合亲近的人对你的评价，了解更全面的描述，保持开放、平静和乐观的心态，全面倾听老师对型号的讲解，也可参与课堂中的访谈小组，进一步探索和发现自己唯一的型号。

3. 敏感屏蔽了自我

有些人太快得出结论，并错认了自己的型号。在这里我建议大家不要太看重某个描述中的一个词语、一句话或者一个观点，并因此而接受或拒绝。如果你对某种描述反应强烈，请务必确定其他描述是否能带给你同样的感觉，有的时候，恰恰相反，我们刻意回避的一些描述，可能正是自己身上不被发现而又被自己深恶痛绝的部分，而对于熟悉敏感的字眼，恰恰是需要深入探索的。

4. 当局者迷，旁观者清

比起找准自己的型号，有时人们会发现找出他人的型号更容易。"我可以看出你是哪个型号，但看不清我自己！"怎样解释这种灯下黑的现象呢？很简单，我们已经习惯了视角向外，而很少窥探自己的内心。通常情况下，我们看待别人都是自我意识的向外投射。有时候，偏偏认为自己不可能那样，却恰巧是最可能的，因为只有同频共振才会相互吸引或者排斥。

5. 看得越多越糊涂？

有些人内心很挣扎，他们说看得越多，就越不确定，看什么都像自己，"噢！我是谁呢？"他们感叹道。不久后，他们开始厌烦或没有耐心，很快便做了决定："噢，我认为我是 4 号性格，毕竟有时我还是挺情绪化的，而且我朋友也认为我是 4 号性格！"对此一定要警惕，因为人们或许并不像自己所认为的那样了解自己，或者他们可能并不了解九型人格。如果缺乏耐心或者过度依赖外界的结论，即便结果是正确的，但是你也不会明白为什么自己是这个型号。

6. 如何解读侧翼？

从九型人格图（图 1-1）中可以看到，每个型号相邻的两侧都有另外的两个型号，这两个型号我们称为侧翼。很明显，如果一个型号一边侧翼的性格呈现内向，那么另一边的侧翼往往就呈现出外向的性格。在多年的九型教学实践中我发现，一般人单边侧翼呈现率高达 70%，也就是大部分人只有一边侧翼表露明显，所以社会上通常会用性格的内外向来区分不同的人。如果说主型号是由先天的基因决定的，那么侧翼的形成很可能跟你童年的生活状况有关。而我们常说的"突破领导力瓶颈"就是指在弱的侧翼上下功夫，去刻意训练性格中不足的部分，从而提高领导力。

7. 万能型号在身边

有一个有趣的现象，在大部分的课堂教学里，3 号成就型最容易认为什么型号都像自己，而且总是不小心就把每个型号的优点都往自己身上套。这是因为每一个成就型者的成长经历各不相同，所以他们心中"成功者"的形象各不相同，却又恰恰是不同型号的人。所以在九型界也有"三无定三"的说法，即没有确定的 3 号形象，因为 3 号总是容易模仿心中的榜样。但是"像"和"是"是两个不同的概念，需要认真区分。

8. 警惕虚荣或者刻意

有时，当人们看了型号的描述，觉得自己很想成为某种类型的人时，他们就会拿出一堆理由来证明自己"是"这种型号。可实际上，大部分人是不愿意与人争辩的，当争辩的行为反复出现，那恰恰是某些型号的表达。比如3号或者8号就会陷入这种思维误区，可那只是自己想要成为的人，而不是真实的自我。这是需要在对话和验证中自我发现的部分。

9. 副型影响几何？

每种型号都有三种副型，分别是自保、一对一和社交，分别代表着和我自己的关系、和一对一对象的关系以及和社会的关系，也代表倾向于品位眼光、安全稳定和团体关系。通常，人们的注意力往往只在其中一种副型上停留，而另外两种副型有可能也是自身所缺乏的类型，所以如何去刻意训练和平衡三大副型，将直接影响自己的幸福指数是高还是低，就像自保副型的人内向而严谨，一对一副型的人有些任性而富有创造力，而社交副型的人则外向而粗犷，这就是虽然同属一种主型，拥有不同的副型却会让人呈现出截然不同风格的原因。

10. 动态变化是什么？

在九型人格图（图1-1）中，每种型号都有压力状态、常态和安全状态的不同行为表现，当然这些只是某个阶段的状态表现。如果仅从当下的行为来判断人格型号，往往缺乏足够的专业积累，所以这就是为什么九型导师往往需要花费将近一个小时来进行型号分类访谈。知晓来访者过去的各种行为，以了解其内在的核心动力机制；通过互动的反应模式：了解其对世界的反应模式，如此通盘访谈后得到的型号判断才会让来访者心服口服。

11. 健康层级又是怎么说？

每种人格型号都有九个健康层级，从不健康层次、一般层次到健康层次，而这些也是动态变化的。这样一来，很多人会问我：学九型，学什么，怎么学？其实，当看到自身型号的健康状态描述时，你就会像发现自己的孪生兄弟一样，如此相像的心理状态会让你大吃一惊，也同时让你知道，下一步该向哪个健康层级提升，以减少我们探索自身的时间。

12. 防御机制容易被发现吗？

每种型号的防御机制就是性格的自我反应模式，这种模式不以人的意志为转移，属自然反应，这就解答了为什么在很多九型人格课堂上，别的学员都早已经看出来了，但是自己依旧不清楚自己的型号。因为你性格的防御机制太强大了，所以你看所有事物都不自觉地戴上了"性格"这副有色眼镜。所以来上一次九型人格课吧，听听专业导师和其他人的建议，你会看到自己不曾发现的一面，说不定那正是你的潜力面呢。

13. 自己的型号难道别人更懂？

经常有学员努力证明自己是某种型号或者不是某种型号，当别人发问的时候，他就会脱口而出，举出很多例子，证明自己是或者不是某种型号。我们欣赏每个人探索自我的勇气和坚持，同时，我们更愿意看到的是一个更加全面、通透的人，因为自己身上有些部分，比如不愿意让别人看到的不够好或者不够优秀的部分，对于自己来说，似乎就成了盲区。就好像一个跑步的人，他专心往前跑，是不知道背后已经湿透了的，因为他无暇顾及，而这部分恰恰又是真实的。尽管自己本身有些抗拒或者并未意识到，但别人已经看到了。

如果你最终还是无法找准自己的型号，那就休息一会儿或者找一位九型人格全球学会 EPTP 认证的九型导师进行型号分类访谈吧。准备好后，你的型号就会在导师的引导下慢慢地浮现出来，这需要契机、需要时间，更需要耐心，让我们陪着你，在探索内心的道路上不断深入吧。

关于九型人格的教练问题

1.九型人格是什么？（　）

A.行为　　　　　　　　　　　　B.发心动念

2.行为习惯、性格与九型人格的关系是什么？（　）

A.三者相同　　　　　　　　　　B.果实、树干和种子的关系

3.人的行为习惯和性格会随着环境而改变，但是九型人格是先天形成的，这说明什么？（　）

A.型号是可以改变的　　　　　　B.型号是不会改变的

4.同一个型号相邻两边的型号特征，我们称为侧翼。侧翼的形成与一个人的童年时期有关，两边的侧翼呈现出明显的性格内外向差异。如果你属于一种型号一边的侧翼，那么你就会具备所属侧翼的型号特征，但你仍然属于这种型号，只是会有旁边相邻这个型号的特征，所以你需要做什么？（　）

A.强化本身所属侧翼的特征　　　B.发展旁边相邻的另一个侧翼功能

5.动态变化指的是人格型号会有动态变化的特征，而并非说型号改变了，三种状态是指（　）。

A.气态、固态、液态　　　　　　B.压力状态、常态、安全状态

第二章

1号完美型

——我"正"故我在

一、人群中如何发现 1 号完美型：我"正"故我在

1. 型号概述：价值观、注意力焦点和名人故事

［价值观］

1 号完美型的价值观是：这个世界本来是公平、有序、完整的，每样东西都按照应有的样子在环境当中正常存在，每件事情都应该有标准或者设立标准，如果有人破坏规矩、破坏标准、破坏公平，"我要恢复这个世界的公平公正、有序完整"。

［注意力焦点］

1 号完美型的注意力焦点容易放到环境和人中错误的部分和细节，然后，参照环境、工作、生活中应该有的标准去改正和改进，以符合它们应有的样子，故称为我"正"故我在。

［名人故事］

著名的大教育家孔子提出的"非礼勿视，非礼勿听，非礼勿言，非礼勿动"是我们日常生活中要遵循的规矩和礼数，而"己欲立而立人，己欲达而达人，己所不欲，勿施于人"是我们生活当中的标准和要求，即按照标准做到位，自己做到了才能要求别人做到，就像打铁必须自身硬一样。这就是我们为人处世参考的标准，按照既定的标准去工作、去生活，超出标准的不该做，不符合标准的进行改进，从而活在一个"对"的世界里。

2. 型号描述：素描画像、基本生命观点、型号关键词、适宜的工作环境和擅长的职业

［素描画像］

1 号完美型的素描画像——我"正"故我在：讲原则，讲标准，讲流程；善于纠错，勤于改进；在职场中关注流程和标准，能不断优化制度和工作环

境，属于擅长纠错、勤于改正的"财务能手"。

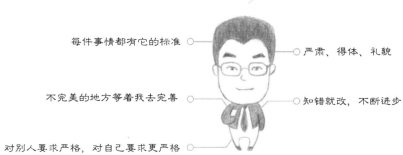

我有我的标准

每件事情都有它的标准　　　　严肃、得体、礼貌

不完美的地方等着我去完善　　　知错就改，不断进步

对别人要求严格，对自己要求更严格

　　在一品九型工作坊的课堂现场，我们常常可以看到，人群当中，那些几天以来始终站有站相、坐有坐相的学员，不管人们是否会留意到他，都身姿挺拔，坐姿直挺，通常只坐椅子的一半位置，极少身体倚靠着椅子，更别说瘫坐了。他们都是认真听讲、默默维护课堂秩序的人。尤其值得关注的是，当大家下课都散去后，他们很有可能是留下来默默地将课堂的桌椅恢复到整齐模样的那位。为什么呢？因为1号完美型的心中恪守着一个理念，那就是：教室（环境）要有教室（环境）应该有的样子，我要恢复教室（环境）原本的样子。

　　我有一位1号完美型好朋友，他是一家车辆维修店的老板，其店面给人的整体感觉就是明亮干净，洗车间也是整天保持洁净清爽。因为每洗完一台车，他都要求员工拿冲水枪对着地面和工作区进行高压冲洗，直到干净为止；售卖的轮胎也从上到下整整齐齐叠放在一起，就连口径和轮胎边缘的位置都一样；他建有一个楼板夹层专门用来放蓄电池，从楼板平视看过去，所有蓄电池的边角连成一条直线，就像整齐的军队一样；他的办公室有几块广告牌，我留意到广告牌间隔的距离也是一样的，甚至从天花板吊灯照射下来的光的面积也是一样的。有好几次我亲眼看见他路过洗车房时看着蓄电池，盯着射灯面积，细细调适，直至调整得整齐和美观，我就问他这么做不嫌麻烦吗？他说不做才会更麻烦，做了反而会轻松。

家中的 1 号完美型，也可能是将工作中的 4S（清理、整理、整洁、整顿）完全搬到生活中的人，他们家的物品摆放有序，看起来干净整洁。不管是否有客人到访，他都这样做，不是为谁而做，只是觉得只要有不干净的，有次序错乱的，就应该清理干净、放回原位，就应该这样做。关于这一点，我问过 1 号完美型如果不做会怎么样，他们的回答是不舒服，看见了就不舒服，如果还不改正，就更加不舒服了。

［基本生命观点］

这个世界有不完美的地方等着我去改正和完善，我若不改正发现的错误，这个世界就没有人会爱我。

［型号关键词］

正：正直、正确、正常、正当等，大多数情况下，指的是一个人习惯性地以符合环境要求的客观的原则和标准，以及正确的方式过正确的生活，看到生活当中那些错误的部分和细节就尽可能地去改正，以符合工作、环境本来的模样。

所以在陌生的场合，他会收集和关注环境、制度、原则、标准是什么，以让自己的言行符合场合的标准，我们称之为"对标"；而在熟悉的场合，他很容易发现哪些部分和细节是不符合制度、原则、标准的，是错误的，他希望立马改正过来，以符合标准的样子。

标准：这里的标准，更多的是指环境当中客观的标准体系，而非与人相比较的标准，比如穿制服是职场礼仪，穿着的标准与大家一样就可以了，无须刻意装扮或者胜过别人，它只是一种客观标准的要求。当然，工作场合的标准既指工作的制度、流程和规范，也指职场的礼仪、礼数，还包括任何时间、任何地点都对上级保持尊重，所以 1 号完美型职员的职业素养会明显比同期进公司的其他型号的职员更加完备。

纠错：这是 1 号完美型的自我反应模式，他们很容易发现环境当中错误的细节，然后试图去改正它，比如看见横幅挂歪了，就会想去调整它，不管它是否与自己有关。与我们通常只关注自己身上错误的部分不同，1 号完美型的关注点既在自己身上，也在外界环境上。

自己的穿着和言行是否符合规范要求，如果不符合，需在第一时间改正过来。外界环境方面，他们会关注宏观经济政治，哪里不公平、不公正，就要去检举揭发，就会想着改变现状，其行为符合公平正义的大道。生活中，如果一个人坐在对面，1 号完美型的注意力总是容易放在对方没有擦干净的鞋面、打歪的领带、不对称的袖口等"不对"的细节上。

自律：这可能是 1 号完美型身上最显著的特征，即便没有人在场，1 号完美型依然对自己的言行举止有内在的标准和要求，他的内心好像永远住着一个判官，对自己说的话、做的事，进行习惯性的评判，"应该做还是不应该做？应该这样做还是应该那样做？"在他的理想世界里，最好以正确的方式做正确的事情，如遵循生活当中的礼数、工作当中的规章、家庭当中的长幼尊卑等。比如吃饭，自己首先不乱插筷子、不敲筷子、不随意转桌盘、不夹别人面前的菜，更不会狼吞虎咽没有吃相，不管有没有长辈在场，他都会按照生活当中的标准礼节要求自己。

［适宜的工作环境］

稳定的、清晰的组织机构，组织当中人际关系简单、规章制度明确、责任划分清楚，这样有利于 1 号完美型做事情有法可依、有章可循、有据可查。

［擅长的职业］

律师、财务、医生、收银员、审计师、司法鉴定员、工程监理、质检员、精算师、校对员、测绘员、勘探员、档案管理员、保险理赔员、教师、法官、药剂师、警察、检察官以及仲裁员、审计员、纪检人员、裁判、行政管理人员、物业管理人员、消防员等工作和岗位。

不建议从事的工作：导游、舞蹈家等。

3.微课实录：九型人格基础之1号完美型

1号完美型也被称为改革者，他的内在价值观是：这个世界太混乱，我要纠正错误，恢复公平、公正和秩序。所以他的关键字是"正"，即我"正"故我在。

那么，各位想一下，如果一个人要改正的话，就需要一个前提，这个前提是什么呢？为什么要改正？怎么改？这就涉及一个词语"标准"。所以在1号完美型的世界中，他希望很多事情都是有标准的，就好像进入一家商场，横幅应该是挂直的，地面应该是干净的，卫生间应该是清洁无味的……种种"应该"，就形成了规则与标准。

这种标准和我们一般人所认为的标准有什么不同呢？

有人可能会说，我有很多标准啊，例如出门需要化妆，跟人讲话得提前斟酌怎么才能讲得更漂亮？这时，你就会发现，有些人的标准是以自己的感受为出发点，以让别人看见自身的美好为前提，那这种标准就是主观的，也是随时可变化的。

而1号完美型的标准，是所看到、所接触到的环境和世界标准相比是怎样的，是客观的标准，比如太阳从东边升起、水到零摄氏度就会结冰，这些就是客观的标准。

对1号完美型而言，如果他发现你做错了，那么他接下来的行为会怎样呢？

一般来说，1号完美型会要求你改正。关于改正有两个方向，即在这种规则下，标准就会在1号完美型的内心内化成两种不同的声音：一种是应该，另一种是不应该。比如说，今天上午是公司领导检查的日子，其实，公司员工昨天就被要求穿制服上班，但是1号完美型的领导发现有的员工穿了制服，却没打领带，在完美型领导眼中，这是不应该的。可当他准备批评员工的时候，内心又提醒道"当众批评人是不应该的"，所以他换了一种恰当的方式："哎！你今天上班前有没有照照镜子呀？"

所以1号完美型的内心经常住着两位判官，对他所做的任何事情都有一个评判，对于做事的方式和方法，同样作出应该怎样做、不应该怎样做的评判，频率之多和声音之强烈，远远超过了一般人。

我们说，1号完美型有可能是九个型号里面最"慎独"的：不管有没有外人在场，他内在的道德标准和行为准则都会通过内心的评判来发挥作用。

当1号完美型的内心产生评判后，就需要他从行为层面去改正。比如，他要求员工穿制服、打领带、穿皮鞋，首先，他自己必须一丝不苟。所以我们说，1号完美型如果要求你做到98分，那么他自己首先得做到99分！因此，在九个型号里面，1号完美型是最自律的型号。

如果你平时有留心观察生活中的1号完美型人物，便会发现，这类人普遍身形挺直，着装大概是以工整、同色系的服装为主，你猜猜，他的注意力更多的是放在做对的部分还是做错的部分呢？绝大多数情况下是后者，比如1号完美型和你的沟通模式，如果首先提出表扬，那么之后一定有需要你作出改变的地方。

4. 职场案例：沟通时将提醒倒置，效果天壤之别

有一次开会，1号完美型领导对一个主持会议的新员工说："小张！你这次的开场很有激情，但是，你为什么没有穿工服呢？"

后来，这位1号完美型领导学了九型人格，又一次会上，还是类似情形，但他改变了一种提法，把提醒倒置："这次会议组织，你虽然没有穿工服，但是开场很有激情！"这位员工一下子就激昂起来，并着急地回应了一

句："老板放心，下次，下次我一定记得穿工服，而且讲得比这次还要好！"

你看，1号完美型领导将对员工的提醒进行倒置，先说不对的，再说做得好的，效果就截然不同了。

二、销售中如何搞定客户——当客户是1号完美型时

我们已经基本了解1号完美型的行为特点，那么，在销售中，我们如何用九型人格来发现1号完美型客户并向其推销产品，顺利地完成销售呢？

1. 如何发现1号完美型客户：姿势端正，在意礼仪

首先，我们可以从肢体语言的"三看"和口头表达的"三听"两个方面来推测对方是不是1号完美型客户。

（1）三看：从肢体语言推测

首先，看形体。

1号完美型客户相对来说较为挺直，体形偏瘦者居多。他可以长时间保持一个姿势，且站有站相，站得直；坐有坐相，坐得稳。他们在谈话过程中一般不会出现大幅度的手部动作，如果有，也是相对简单的，没有太大的变化。

因为在1号完美型客户的生活习惯和潜意识里，生活礼仪是很重要的一个部分，它意味着自己的一言一行要得体，如果自己做不到，又如何引导身边的人把事情办好呢？如果涉及政事，秉公执法、廉洁正义就很重要。

其次，看表情。

1号完美型客户的面部表情通常情况下较为单一，一般会呈现出适合当下的表情，这类人内在的职业素养比一般人高。他们如果笑，也是礼节性地长时间保持一个职业化的微笑，普遍显得有些僵硬，脸上的肌肉紧绷，嘴角发力。讲话前，他们会先进行一场头脑风暴，使整个面部显得有力量感；生

气时，他们会眉头紧锁，努力压抑内在因发现错误，但对方没有改正的"愤怒"。有时你甚至能发现1号完美型客户双眉之间这种类似的纹路。

最后，看眼神。

1号完美型客户眼神坚定，在与人谈话交流的过程中，不会有太多情绪的流露和变化，基本上不会出现左顾右盼的情况。常言说眼睛是心灵的窗户，1号完美型客户对于事情的评判，很容易陷入"要么对、要么错"的二元评价里，因此，其眼睛给人的感觉就是直来直去，不懂得变通，做事情也是一步一步来，稳扎稳打的，可见他们的眼神就是头脑思维的外化反映。

（2）三听：从口头语言考量

首先，听音量。

1号完美型客户说话的音量和音幅，大部分都在一个相对平稳的波段里面，就好像火车经过的声音，整齐而有规律，很少一惊一乍，甚至连拖音拖调都很少，因为他们认为那样讲话不礼貌。同时，他会尽量吐字清楚，因为通过理性、清晰、准确的表达，把一件事情说清楚、说正确，对于他而言很重要。因此他在接收外界信息的时候，也希望对方能够把一件事情描述得清清楚楚。注意，这并不是一味要求声音洪亮，表述清晰和准确才是最重要的。

其次，听口头禅。

你通常能听到1号完美型客户说"应该""不应该""对""错"等直接对立的口头禅，这意味着他的内心对自己做的每一件事情、说的每一句话都有一个内在的评判，会随时打量自己的一言一行符不符合为人处世应有的标准。当然，也未必每次这样的口头禅都会脱口而出。当意识到你没有认识到错误，或者认识到错误却不改正的时候，他或许会压抑内心的"愤怒"，采取另外一种方式提醒你发现自己的错误，直到你改正为止。

最后，听内容。

如果你用心听，大概能听出他们的言外之意，其中并没有冒犯虚构或夸张，甚至连他开起玩笑来你都觉得一本正经，这时你就会明白，1号完美型客户讲话更多的是在描述客观事实或者尽量把一件事情说完整，只有表述完整了，对方才不会漏听或者听错，这才是对的，就好像一句话的末尾一定要画句号一样。

因此，有时候，1号完美型客户把话说得具体、完整，可能会让人觉得唠叨、啰唆，无法理解其内在心理。但他自己的内心有一个随时随地对自己展开评判的"判官"，时刻监督自己语言表达中"对不对""应不应该"。

2. 与1号完美型客户相处的八字要诀：行事规范，诚恳明确

（1）预约时长

事先跟客户预约好拜访的时间和时长。一般都是约在上班时间内，除非客户主动要求；不要提议在办公室外，或者随便更换时间和场地，因为职业化的交谈应该在职业化的场合进行；双方的交流也尽量在约定的时长内完成。还有，出于对1号完美型客户的尊重，我们至少应提前15分钟到场等待。

（2）详细说明

可邀请经理一同前往；带上详细说明书，将相关行业运用等数据表格列清楚；最少准备两份说明书提供给客户，这样就可以陪着客户同时翻看和解说；如果客户不提问竞争对手产品或服务的差异，就不用主动提及，以免引起不必要的麻烦。

（3）职业素养

拜访客户一定要穿着职业装；注意同客户递拿名片、行坐起立的礼仪细节，一定要等客户示意后才能坐下；留意自己的鞋面是否干净无尘的；如果吸烟，一定要把烟灰和烟头丢入烟灰缸；离开前注意将座椅摆回原位，将用过的纸杯随手带走或者扔到垃圾桶里，如果桌面或地上留有水渍，注意擦干净后再离开。

（4）理性交流

与 1 号完美型客户对话交流的语速不能过快，一句话应控制在 13 个字以内，把事情说明白，把话说完整。需要提醒的是，在表达语态方面，并不需要销售方抑扬顿挫地夸张表达；每句话说完后，都要留给客户提问、回应的时间；同时留意与客户身体保持一米左右的礼仪距离；讲话的时候眼神不要游离，基本在客户双眼之间额头的位置停留，保持微笑即可。

（5）清晰作答

销售方对于客户提出的任何一个疑问都要正面作答，不可模棱两可，切不可出现"差不多""大概""也许"这样含混不清的字眼，因为这样的回答除了显得销售方不专业以外，还会让客户觉得销售方态度不端正；对于自己确实不明白的细节，不能不懂装懂；对于暂时不能明确回答的，可登记下来，并且说明具体回复的时间，当然，回复一定是以文字形式明确表达。

（6）态度端正

销售方在列举公司产品或服务优点的同时，也需实事求是地将曾经出错、后来改正的案例诚恳告知，也要说明公司为预防此类事件发生所采取的措施。因为没有没犯过错误的企业和公司，主要就看我们如何对待和处理这类事务，这些事关态度和专业，对于合作至关重要。

（7）忌讳随意

不随意开玩笑，除非客户先调节气氛，即便有，销售方也只应礼貌地附和；不跷二郎腿，即便是在无意识的状态下，也要提醒自己；不对办公环境的摆件和物件做任何评价，甚至是表扬，因为对于 1 号完美型客户而言，物件这么摆就是对的，做对的事是不需要表扬的；工作期间，不要牵扯工作外的话题，就事论事谈工作就可以，不要担心尴尬就没话找话，这样反而会弄巧成拙。

三、如何提升工作伙伴的管理成效——当伙伴是 1 号完美型时

让我们仔细回想一下，工作伙伴中哪几位是 1 号完美型，他们具有哪些特点？有哪些值得你学习的地方？你应该如何和他们进行沟通、相处？如何支持他们，才能达到最好的管理效能呢？

1. 如何发现 1 号完美型伙伴：待人规矩，善于纠错

要在工作中发现 1 号完美型伙伴，可以留意平时你们相处的细节，从待人处事和思维习惯两个方面来推测他是否为该型号的伙伴。

（1）待人处事

1 号完美型伙伴的内在有很多的标准和规矩。在待人的时候，他们一方面希望别人按规矩来，另一方面，当别人做错了，又不好第一时间当面指责，因为这么做不合礼仪，因此只能压制自己的怒火，转而以一种对的方式表达，比如礼貌地提醒。有的时候，即便内心已经有太多不满，他们也依然会表现出理性的一面，这叫作"怨而不宣"，即内心压抑了很多的愤怒又无处宣泄。但一旦达到了临界点，就会突然对身边最亲密的人发泄。这个时候，连他自己都会大吃一惊，这是一个需要认真对待的心理变化。

1 号完美型伙伴希望每件事都能做到中规中矩，合乎标准，所以在他的心目中，非黑即白，几乎很少有中间地带。他们遵循义务、遵守道德、遵守标准作业程序、讲究原则，所以做事有韧性，不畏困难，能够坚持到底。尤其是在职场中，他们遵循领导的序位原则，几乎极少与领导意见不合。

（2）思维习惯

1 号完美型伙伴惯常的思维模式是："这件事情，哪里出错了？你有没有发现错误？"看得出来，他们平时都比较留意出错的方面，因为内心的条条框框多，标准原则无处不在，所以一眼就能看出错误的细节。其实，不光是细节，就连工作的流程和制度，他也希望是既定的安排，他最担心的是一件

陌生的事情操作起来没有头绪，但是熟悉的事情是否就意味着他就会放手不管了呢？未必。

有一位1号完美型领导，下属递交给他的工作申请和报告，经常要退回重改，有的是因为行文格式不对，如首行没有空两格；有的是因为中间无故空出一字距；有的是因为请示最后的"妥否？请批示！"中标点符号错了；甚至还有的是因为打印的文件有折角……但凡这些，有经验的秘书多改几次，总会避免。可是，1号完美型领导还是能挑出一些小毛病来，这就不得不佩服他抓细节的本领了，就像常把"细节决定成败"挂在嘴边一样。

而当组织结构急需重构的时候，尤其是在新时代高科技下，他就会非常不适应，因为惯于坚守标准、坚守底线、恪守原则，这给1号完美型伙伴学习和适应新时代提出了更高的要求。

2. 向1号完美型伙伴学习：细节把控定成败

在公司管理中，1号完美型伙伴是一个天生的"纠错"管理者，具体来说，在工作中我们应该向1号完美型伙伴学习什么呢？

1号完美型伙伴的个人魅力：细节把控定成败。

（1）以身作则，身先士卒

凡是要求别人做到的，自己首先要做到，这叫自律，也是另一种意义上的标准。凡是批评别人的，自己要先做自我批评，先给自己打分，哪里做得不好的，先进行自我检讨；同时，在能做到和不能做到上，都会明确地提出来，不含糊、不夸大、不回避。

（2）严格执行，原则性强

按制度管人、按流程办事。按照工作的制度、流程、标准一步一步来；对于原则性的错误，不姑息、不纵容；对事不对人，对越亲近的人，要求反而越严格。当他把你当作自己人时，表明你已经融入他内心"自律"的一部分。

（3）不让小过，臻于至善

办事认真、仔细，不容许自己有一点点过错，如果发现了就要立刻改正。不以善小而不为，不以恶小而为之，勤于改进，谦虚谨慎，好学上进，步步为营，不断提高自己的工作水平。

3. 如何支持 1 号完美型伙伴提升管理成效：学会放松身心，保持积极上进

我们在工作中与 1 号完美型伙伴相处时，既要学习他认真负责的态度和精益求精的工作精神，也要扬长避短，发挥效能，提升管理水平，以下是经过实践验证可供参考的具体方法。

（1）关注正面

1 号完美型伙伴容易发现错误和不足，在欣赏他们善于改正这个优点的同时，还要鼓励他们多关注正面信息，多看看积极方面，提醒他们不要在寻找和改正错误中证明自己是对的，真正的完美是存在于合理的不完美当中的，就像花开花落，各有各的美，只要学会正向面对，目光所至之处，皆有美好。

（2）理性表达

和 1 号完美型伙伴沟通时要理性，合理分析，有理有据，不能单凭感觉，不能过多地谈及个人喜好，必须以理性、合乎逻辑并且正式的态度和 1 号完美型伙伴沟通，才能获得他们的认同。但这并非说 1 号完美型伙伴是没有感情的人，相反，1 号完美型伙伴的感情是真挚而纯净的，只是在工作中容易呈现出职业化的表现。

（3）宣泄愤怒

支持 1 号完美型伙伴合理宣泄愤怒！如果发现他心中的不满越积越多，不妨鼓励其直接表达出来，或在楼顶大喊，或通过运动发泄。总之，告诉他不用压抑内心，最关键的是要让他相信，他的宣泄会让大家认为是身心一致的表达。

（4）言行一致

跟1号完美型伙伴相处，要时刻留意自己的一言一行，要么不说，要么言出必行，要始终留给他一种值得信赖的印象，这样才有可能让他敞开心扉并愿意接受你的支持。还应注意不要轻易开玩笑，或许你说的是玩笑话，但他有可能会当真。

（5）知错就改

1号完美型伙伴很在意容易出错的部分，做错事是可以被理解的，但是，认错的态度不对，就不应该了。所以知错就改，马上改，让他知道你在改正，而改正的态度就是支持他们工作的态度。可是，如果同样的错误再犯第二次，就会给自己减分，除非他能够看到你更大的诚意。

（6）放松、幽默

如果环境和条件允许，我们可以适时表现一些幽默感，缓解他们的紧张，借以引导1号完美型伙伴放松心情，发掘其幽默的一面。当他真的放松时，譬如在大家都不能以真面目示人的化装舞会或幼儿园的庆典活动上等，也许他的表现会令你大吃一惊。

（7）保持上进

支持1号完美型伙伴，首先自己不能满足于当前的能力和状况，要在各方面不断提高自己，在进步中相互鼓励，在进步中相互认可，就像某个1号完美型伙伴多年前送给我的一句话："保持上进，有一种约定，叫作顶峰相见。"这样才可以更好地推动和促进1号完美型伙伴管理效能的提升。

四、突破自身领导力瓶颈 —— 假如我是1号完美型

之前，我们学习了如何发现并成交1号完美型客户、如何发掘并支持1号完美型工作伙伴，现在要看一看自己，如果我们本身就是1号完美型的人，

同时又是一位领导者，我们该怎样分析自己的性格，怎样扬长避短，突破惯有的思想观念瓶颈和固有的工作方法，让自己的领导力能力更上一个台阶呢？

1. 你是 1 号完美型领导者吗？

要想进一步了解自己到底是不是 1 号完美型领导者，不妨从内心察觉，先问自己三个问题。

（1）总是容易发现周围环境当中出错的细节部分，比如挂歪的横幅、横七竖八摆放的桌椅、不干净的玻璃等，内心总有念头去纠正错误，并且常常付诸行动，即便这些事情跟自己无关。

（2）待人接物心中总有规矩，对待他人始终有礼仪观念，同时也希望对方有相应的职业化标准，对于守时、守信很看重，也常常以此来评判自己和他人，可是表现出来的又不是愤怒，反而可能是彬彬有礼的提醒，常把愤怒压抑在心里？

（3）对自己要求高于他人，如果一件事没做好，就会自责，对于他人的错误，只是希望对方能够保持正确的态度积极改进，而不是重蹈覆辙，所以不大容易快乐，换句话来说，是一个很难淋漓尽致享受当下的人？

请根据自己内心常有的心理活动认真作答，如果三个问题都完全符合你内心的想法，那么，你有可能是一个在工作中无论是对自己还是对他人都高标准、严要求，认为细节决定成败的"流程管理"领导者。

2. 1 号完美型领导：身体力行的纠错改良天赋

1 号完美型领导，天生对于"做错"的部分很敏感，所以他考量下属工作，很多时候，是用一种非常简单的评价标准，那就是要么对，要么错，简单而直接。

有一位英语培训机构的 1 号完美型领导，他去每一个分校区，首先去的地方，你们猜是哪儿？卫生间！对，就是卫生间。如果卫生间做到了定时、定点、定人清扫，干净卫生无异味，他就会认为这家分校区的所有工作都是做到位了的。然后，他还会戴上白色手套，在教室窗户上抹一遍，如果白色手套没有黑乎乎的，那说明该校区教室的打扫工作也是做到位了的。最后，他才会坐下来，听取下属的数据汇报，然后对照自己记录的数据进行分析，综合以上方方面面，在心里给这个分校区的管理打分。后来，也正是因为他勤于职守、兢兢业业，分校区管理模式被迅速复制，不到三年时间，他所在的英语培训机构就成为当地同类机构的前三甲。

　　还有一位1号完美型领导，他刚带领大家工作时，发现公司的管理在很多方面都不尽如人意，而且很多他关心的问题，下属都答不上来，他觉得这些都是缺乏管理造成的。因此，在开展工作前他就提出了相应的业务发展工作计划，并且成立专项"短板分析"经营小组，每个月专门针对弱项指标进行专项强化。到了每个季度召开全省市场经营分析会的时候，公司100多个市、区、县的业务发展指标呈现得一览无余。指标倒数的市、区、县还要专门在全省的电视电话会议上进行公开专题汇报。那个时期，很多人都打趣说，"每次召开全省市场经营分析会时，自己的血压总是忽高忽低的。"无独有偶，这位领导到各地分公司检查，往往也是直奔卫生间，去干什么呢？我们不知道。但是，曾经有一家分公司弄巧成拙，在卫生间喷了大量的空气清新剂，弄得气味浓烈，被狠狠地批评是故意突击迎检，做得刻意不真实。由此可见，在管理上真抓实干与细节管理应齐头并进。正所谓，一分耕耘、一分收获，两年时间里，正是因为1号完美型领导的严肃认真和一丝不苟，在公司上下形成了求真务实的工作作风，这让公司各方面业绩突破了全国中下的排位。待该领导卸任时，相关业务指标排位已经跃居全国中等偏上，有些指标还排在全国前列。

　　综上所述，1号完美型领导的天赋优势在于：进步的纠错改正能力。

3.1 号完美型领导力提升宝典：发散思维

在了解了 1 号完美型的特点之后，我们要分析一下 1 号完美型领导者要避免的误区以及提升宝典。

（1）1 号完美型领导需要避免什么

在你启动一个项目前，先问清楚自己几个问题：一是这个项目是已经有规章制度可循还是需要重新设立规章制度？二是这个项目团队的执行力强不强，还是他们只会纸上谈兵？三是假设最坏的情况发生，你能自己承担还是一定要分出对错？

当你回答以上问题后，还想去做，那么，接下来，你需要在项目执行阶段去避免以下几方面问题的发生。

①二元评价：凡事容易进行"对、错"的二元评价，认为事情的结果要么正确，要么错误，容易将精力和注意力陷落在不足和错误的细节里面，这将不利于一个领导者统领全局。

②提醒过度：通常情况下，出于礼节性的表达，1 号完美型领导也会表扬和鼓励他人，可到最后总是不自觉地提出希望对方改进和提高的部分，但提醒过多，有可能不利于团队士气的凝聚。

③固执己见：不愿意接受他人的意见，即便是出于礼貌在听，也有可能根本没有往心里去，脑子里整天装着别的事情和做错的部分，缺少真正地与人面对面沟通的内心情绪互动。

④紧张环境：因为 1 号完美型领导对自身的站姿、坐姿和谈吐要求极高，所以在他身边的人会不自觉地强化对自身的要求，对于工作而言这当然是好的，只是在生活当中就可能不够生动和有趣味了，也会令身边的人莫名紧张，这是需要适当放松调整的部分。

在项目结束阶段，如果事遂人意，你当然不会骄傲，可是，假如事与愿违，要留意自己的内心愤怒和想推倒一切重来的极端念头，要学会大事化小，小事化了，毕竟顺与不顺都是人生路上不同的风景。

（2）1号完美型领导力提升方法

①多元视角：凡事多多设想，多给结果一些可能，多换几条思路，多从几个角度来思考，避免走进对立思维的死胡同；或者换种提法，作为员工做到本分称职就可以，但是作为领导，还是要学着容纳不同的观点，看得比常人更远。

②提醒倒置：在人际关系上，不要那么苛求，不要随意批评人，实在忍不住的时候，也要将提醒倒置，把不足放在前面讲，指出虽然出现了不足，但是值得肯定的方面有很多，这样讲就更容易让人接受。毕竟我们希望对方是愿意改变的，而非说说而已。

③洒脱表现：在日常生活中，试着活跃洒脱一点儿，不要刻意压抑自己的喜欢与爱，试着表达与发泄，做一个敢爱敢恨的人，有爱恨情仇和喜怒哀乐，才是真实的你，而非理想化的、正确的你，这样彼此之间就有了更多、更真挚的情感流动。

④笑对不同：面对不同观点，多听多笑，嘴角上扬。笑出一种豁达，而不只是出于礼节；笑出一种释然，而非仅在事情终了；笑出一种格局，而非只对正确的结论。当你以领导的身份用微笑传达信息的时候，事情未必躬亲，别人也能办妥，因为你传递出了相信、美好、包容与爱！

⑤学会授权：或许刚开始有点儿难，毕竟很难有完全明白你心思的下属，但是解决问题最好的方法只有固执这一种吗？还是有其他的路径和可能呢？别人有没有可能有其他的方法？放权，就是信任。放手让下属去执行，在执行过程中促其成长，这恰恰是对下属的一种培养，虽然可能会出错，但在试错中总结经验，能够不断提高你领导和统筹管理的水平。

关于 1 号完美型的教练问题

1. 1 号完美是纠错高手，在公司里擅长财务、质检等工作，他的关键词包括（　　）

A. 灵活、善变、安逸　　　　　　　　B. 自律、标准、正直

2. 以下描述中更有可能是 1 号完美型客户的是（　　）

A. 喜欢盘腿或抖腿，爱开玩笑

B. 站或坐都笔直、职业表情化、常说"应该""不应该"

3. 与 1 号完美型客户相处的八字要诀是（　　）

A. 先声夺人，临门一脚　　　　　　　B. 行事规范，诚恳明确

4. 哪种描述是 1 号完美型？（　　）

A. 随遇而安，得过且过　　　　　　　B. 勤于自律，善于纠错

5. 值得向 1 号完美型学习的一点是（　　）

A. 今朝有酒今朝醉　　　　　　　　　B. 细节把控定成败

6. 如何支持 1 号完美型伙伴提升管理成效？（　　）

A. 让他表现自我，张扬突出个性　　　B. 学会适当放松，保持积极上进

7. 你觉得自己像 1 号完美型的原因是（　　）

A. 有没有对错无所谓　　　　　　　　B. 总是提醒自己，总是容易发现错误

8. 1 号完美型领导力的提升方向是（　　）

A. 坚持己见　　　　　　　　　　　　B. 发散思维

第三章

2号助人型

——我"爱"故我在

一、人群中如何发现 2 号助人型：我"爱"故我在

1. 型号概述：价值观、注意力焦点和名人故事

［价值观］

2 号助人型的价值观是：这个世界是充满爱的，人与人之间应互相友爱，互相帮助。而我是给别人带来爱、带来帮助的人，我只有帮助别人，别人才会爱我，所以"我要爱世上每一个人，也希望别人爱我"。

［注意力焦点］

2 号助人型的注意力焦点容易放到周围人的需要上，或者人群当中最需要帮助的人身上，然后尽自己所能，满足别人的需要，他认为这样自己才值得被爱，故称之为我"爱"故我在。

［名人故事］

提起 2 号助人型，我脑海里出现这样一个人的形象，她就是"燃灯校长"——张桂梅。她连续 48 年扎根乡村教育一线，虽身患 23 种疾病，却仍然坚守在大山深处，她就是人们眼中为教育事业奉献一切的"张妈妈"。1957年，张桂梅出生于黑龙江省牡丹江市，17 岁随姐姐来到云南支边，从此走向教育之路。1988 年，31 岁的张桂梅考入丽江教育学院中文系，毕业后和大学认识的丈夫一起在当地任教，然而幸福的时光只有短暂的 5 年，张桂梅的丈夫因癌症离开了人世。1996 年，张桂梅离开大理前往深度贫困山区华坪县中心中学任教，从此以后她在山区一扎就是 40 多年。2008 年，全国第一所全免费的女子高级中学建成，51 岁的张桂梅担任校长。从此，张桂梅用自己怒放的生命，换大山里的女孩们一个不一样的未来。从目睹贫困女生辍学悲剧，到心中萌生"让大山女孩有书读"的梦想，一路走来，她从不在乎别人的看法。整整 14 年，2000 多个可能辍学的贫困女孩，因她走进了大学校门，靠知识改变了命运。

这就是 2 号助人型的生活态度，像蜡烛一样燃烧自己，照亮身边的人，尽可能地去帮助需要帮助的人。

2. 型号描述：素描画像、基本生命观点、型号关键词、适宜的工作环境和擅长的职业

［素描画像］

2号助人型的素描画像——我"爱"故我在：讲人情，讲关系，讲付出；善于与人拉近关系，勤于在不同的圈子当中走动，在工作中关注他人的需要，经常是照顾人情优先于工作安排，属于爱帮忙、好说话的"跨部门沟通能手"。

我的世界充满爱

只有我帮助了别人，我才是被爱的

我是有爱的，以此来获得别人的认同

喜欢穿大众潮流、方便活动、舒适的服饰

有爱心、易相处

身体语言是开放、热情、关顾型

在一品九型工作坊的课堂现场，如果有2号助人型在场，基本上就不会有冷场现象，或者说，即便学员不断地更换小组，到了新的小组，2号助人型也很快就会与新朋友交谈甚欢。他们喜欢私下聊天，互拉家常，嘘寒问暖，很容易就聊到彼此的需要。如果现场还有很多爱说话的同学，2号助人型就愿意做个听众，满足别人倾诉的需要；如果没人说话，他就会主动与人交谈，打破尴尬的氛围。有一次，中午下课，大家走到酒店楼下，正准备叫车，一台网约车就打着双闪停在了门口，大家正疑惑呢，原来是一位2号助人型学员提前约了车，准备打车到用餐地点。他总是默默无闻地提前为大家考虑，为大家付出。当大家感谢他的时候，他又表现出不好意思的样子，总觉得自己为大家做得还不够。

然而，2号助人型的家人则不这么认为。在家人的眼中，2号助人型的爱更多的是对外，家里好吃的年货、新鲜的水果、好不容易淘来的宝贝总是第一时间满足登门的客人。用2号助人型的话来说就是"只要人人都献出一点爱"！

而更让家人抱怨的是，凡是人情往来，2号助人型总是会大方回礼，总觉得自己不能欠别人的，更不能让别人觉得自己是个麻烦，所以既很难拒绝别人提出的需求，也极少向别人提出自己的需要。2号助人型常常对家人要求更多，还经常带领家人一起助人为乐，一片好心对外，更多地满足别人的需求。

[基本生命观点]

这个世界每个人都需要帮助，我只有不断地付出、更多地帮助别人，人们才会来爱我。

[型号关键词]

爱：友爱、大爱、爱人等，是指一个人在内心，把"爱"当成了生命的主题曲，爱是发现、爱是付出、爱是不麻烦别人，以大爱无私行走在天地间，以慷慨解囊穿梭在人群中，内心想让自己成为一个让大家都喜欢的人。

因此，在陌生的场合，他会发现、收集和满足身边人的需要，即便自己暂时还没有能力实现，也会站在对方的立场考虑，从行动上做更进一步的支持，让对方从心里感受到他是一个有爱的人。简单来说，即便暂时没有帮人的能力，但是有想帮人的态度。爱，更多的就是态度。

需要：2号助人型心里常常装着别人的需要，从而忽略了自己的需要。对于别人的需要，2号助人型总是不自觉地去发现和满足。然而，也正是因为关注力在外、在别人的需求上，所以 2 号助人型往往难以发现自己的需要。有一次课堂上，我问一位 2 号助人型妈妈："你上课两天了，知道了自己是 2 号助人型，那你现在明白自己的需要了吗？"她马上接着说："嗯，我的需要就是想了解一下我儿子是什么样的性格？回去后我怎么更好地对待他，他马上要考大学了，不知道要考什么专业。"看，这就是 2 号助人型心里无时不在的 "需要"，总是没有自己的需要，如果有，也是别人的 "需要"。

迎合：这里的迎合主要是指 2 号助人型的心态以及与人交流时的行为。我们通常看到在聊天场合中，2 号助人型基本上都是 "嗯嗯" 附和的人或者喜笑颜开的人。即便有不同甚至相反的意见，2 号助人型的内心基于爱对方的心理，也不会让其面子上过不去。所以人们有好事或烦心事时总是愿意第一个就跟 2 号助人型分享，而 2 号助人型也乐于收集他人的点点滴滴，因为他认为这样大家的距离会更近。然而，这里似乎暴露出另一种现象，就是 2 号助人型的边界感不强，可能不是他自己的事情他也听了，也问了，也管了，而他自己的事情最后反而没干完，这个可能是 2 号助人型需要留意的部分。

不拒绝：2 号助人型的内心是希望对方能看到自己的付出和爱的，所以一旦对方提出了需求，2 号助人型的本能反应就是答应，我称这为心态答应，为什么呢？因为他可能并没有能力完成这件事情，但是他先答应了，这是基于爱的表达。但是不懂 2 号助人型的人往往会说，你答应了，结果没有办成这件事，这不是言而无信嘛！其实，他的答应首先是态度上的负责，用态度表达爱：不管能不能完成，想不想答应都会应，这就是他们爱的表达。同时，他难以拒绝别人提出的需求，也难以开口表达自己的需求。因为他觉得一旦提出需要，别人就会觉得你是个麻烦的人，不再是个有爱的人，所以即便真的有需要，2 号助人型也会委婉提出。比如 2 号助人型陪你逛街，明明自己口渴却问你会不会口渴，是因为如果你口渴，刚好我也口渴，这样一起去买饮料喝，就满足了双方的需要，这就是 2 号助人型有自我需要时的迂回表达。

[适宜的工作环境]

那些允许在部门之间走动的公司、单位，人际关系融洽，这样有利于2号助人型工作有余力时支持其他的部门和人。

[擅长的职业]

幼师、演员、访谈类主持人、歌手、培训师、舞蹈艺员、助理、心理咨询师、服务人员、导游、翻译、人力资源工作者、培训师、义工以及慈善机构、敬老院、行政后勤、党群工会等部门中需要经常与人打交道的工作。

不建议从事的工作：销售、律师、工程监理等。

3. 微课实录：九型人格基础之2号助人型

2号助人型也被称为全爱者。他的内在价值观是：我只有帮到别人，这个世界才会爱我，所以关键字在"爱"，我"爱"故我在。

那么一个内心有爱的人，他更多的是看到自己的需要，还是看到别人的需要呢？在业界，有这么一个比喻，说2号助人型头上好像长了一对天线，随时在探测别人的需要。比如，他在教室里面上课，门开了，有陌生人进来，他第一反应可能是，为这个人拿一把椅子或先跟这个人打招呼，以避免别人觉得尴尬；又如，在陌生的场合，大家一坐下，他可能下意识地就为大家去端茶递水，而这些他自己浑然不觉。

为什么会浑然不觉呢？因为这些都是他下意识的行为，他觉得只有帮助别人，自己才是值得被爱的。在我的课堂上，有一位九江的学员，每次来上课，都在袋子里面装满巧克力和糖果。在课间呢，每个人都要分给一块，虽然我上课的时候是不吃巧克力的，但是每次我都能接到一块。课后，我也是满满的一口袋巧克力。那为什么我不拒绝他给我的巧克力呢？因为对于2号助人型来说，他很难拒绝别人的需要；反过来说，当他满足别人需要的时候，如果你拒绝了他给你的爱，他会认为你拒绝的不是一件事情，而是拒绝了他这个人。

就这样，他将从别人对事情的拒绝泛化成了别人对自己这个人的拒绝。

谈到需要，那既然有外在的需要，那有没有自己内在的需要呢？我有一个深圳的 2 号助人型的咨询师朋友，她有一次去昆明出差，买了两条围巾，一条送给自己的助理，另一条送给自己的女儿。可是，她觉得好看，自己也想要，于是又网购了一条一模一样的丝巾。所以说，在需要的层面上，2 号助人型是把别人的需要放在了自我需要的前面，视别人的需要比自己的需要更重要，2 号助人型呈现了一种小我，即总是把别人放在第一位置。因此，在职场中，2 号助人型有可能是跨部门沟通的好手，具有非常好的人际关系。

2 号助人型注意力焦点总是放在他认为你需要的方面并不断地满足你。如果你避开他的眼神，拒绝他对你表达的爱意，他内心会很受伤。

4. 职场案例：明确你的需要，避免拒绝的尴尬

我有一位学员，每次课后，都邀请我共进午餐。然而，有一次我特别累，当她提出来：老师，我们一起吃饭吧！

我是这样回应的：嗯，谢谢你。然而现在，我想睡午觉的需要比吃饭的需要更为重要，你能不能满足我这个需要呢？

她连忙说：好啊好啊！然后开心地离开。这样既不伤害对方愿意帮助你的意愿，又不委屈自己，一举两得，所以对 2 号助人型来说，当他提出帮助你的时候，你能明确表达自己真实的需要很重要。

二、销售中如何搞定客户——当客户是 2 号助人型时

我们已经基本了解了 2 号助人型的行为特征，那么，在销售中，我们如何用九型人格知识来发现 2 号助人型客户，并成功向其推销产品，顺利地完成销售工作呢？

1. 如何发现 2 号助人型客户：见人微笑，爱拉家常

初次认识，我们可以从观察为主的"三看"和以倾听为主的"三听"角度来分析对方是否为 2 号助人型客户。

（1）三看：从肢体语言上判断

首先，看形体。

2 号助人型客户的体形相对来说较圆润饱满，中年以后微胖，身体语言柔软，好像随时可以起身活动一样。如果出席活动，通常会主动与他人建立关系，而且身体姿势向前倾，会尽量靠向对方，当然，亲近的距离以双方的感觉为准。谈话过程中，其手势也是以迎合对方的姿势为主，以令对方愿意交流并打开心扉为目的。

其次，看表情。

2 号助人型客户的面部表情相对丰富，而且通常以微笑示人，笑的时候脸颊微凸，面部饱满，就像"金元宝"一样，让人愿意与之沟通；与人交流的时候，2 号助人型客户的点头动作偏多，即便有不同观点，也不急于第一时间反驳，而是愿意让对方完整表达。

因为 2 号助人型客户的内心，是随时、随处、随地都要带给别人爱的，要给人以美好的感觉，即便感觉不舒服或者身边有不愿意打交道的人，他们在表面上依然会表现出温暖或热情。当然，任何人都有生气的时候，但是他们是笑着说出来的，也不会让旁人觉得尴尬，这就是 2 号助人型客户随时都在为别人着想的表现。

最后，看眼神。

2 号助人型客户的眼神中常流露出温暖和爱，与人交流时，会关注对方的面部表情，从眼神的交流互动中，你能感觉到他的真诚、用心。

通常来到一个陌生的场合，有人关注天气，有人关注环境，有人关注设备，有人关注事情。可是 2 号助人型客户首先关注的就是这个场合需要帮助的人，他的注意力在别人需要的帮助上，所以他用眼睛发现需要，用眼神交流好感，这就是人们经常说的"看一眼"就有被温暖的感觉，而2号助人型似乎就具备这种特异功能。

（2）三听：从口头语言考量

首先，听音量。

2号助人型客户说话的音量和音幅，通常都处在一个相对偏上的波段里面，光听声音，大概就能想象到对方微笑着说话的样子，尤其是尾音上扬，听起来让人觉得舒服并且愿意接近。虽然并不总是这样，但通常是这样的，因为2号助人型客户希望能够成为一个有爱的人，所以其谈吐通常令人舒服，而且会主动让你多说，如果你不说他就说，总之，不会令人觉得无话可说而尴尬。

其次，听口头禅。

2号助人型客户口中常说"我来，我来，你休息下""好的，放心""嗯，谢谢！你这么好，你是大好人""我的一个朋友，人很好的""我这人就是不记事儿，刚刚说了又忘了""你真好，为我们考虑这么多，给你添麻烦了""不好意思，给你添麻烦了"等口头禅，这说明助人型客户内心总是愿意付出更多，总是愿意说别人的好，总是把别人想得好好的，总是不愿意、哪怕一丁点儿地麻烦别人，因为这样对方才可能越来越多地愿意与之交往。

最后，听内容。

与之交谈，大部分的时候，你听到的可能是邻家大妈"拉家常"式的聊天，或者更多的时候，对面是一位饱含热情与耐心的倾听者，偶尔说话，也大都是令你很开心的话语。

家长里短是最容易暴露出需要的话题，譬如孩子年龄大了还单身，自然需要相亲；生了娃的，自然需要关心奶水足不足，是否需要买奶粉；上了学的，自然需要上课外兴趣班；家住得远的，自然需要知道怎么坐车，哪趟车更便宜、更快；知道家人的工作单位，自然要问问有没有同样认识的人，以后托人办事是否方便等。你会发现，2号助人型客户讲话的内容都是与人息息相关的，都能自然而然地透露人的需求，这就是注意力所在带来的连锁效应。

因此，跟2号助人型客户交流，切忌单刀直入，直奔主题，因为这样会让对方觉得没有人情味儿；相反，家长里短聊得越多，知道彼此的家庭信息越深入，相互之间就越开放，也就越有利于挖掘家庭成员们的需求，这样才能通过满足他人需求来侧面推动2号助人型客户的需求，从而通过"围魏救赵"来曲线救国。

2. 与2号助人型客户相处的八字要诀：引发需求，表达需求

（1）预备惊喜

根据2号助人型客户内心希望得到感谢和认可的特质，可以出其不意地准备一个小小的礼物，如一束花，也可以是当地特色产品，一来符合迎来送往的礼节，二来可以因此打开更多话题空间，不会显得唐突。2号助人型客户一般也会对第一次见面的人给予更多的照顾，让对方感受得到自己的用心程度，所以，我建议在与这一类型客户交往时要注意细节，用一些关怀备至和小惊喜让2号助人型客户感受到温暖周到。在挑选礼物时，无须过多在意价值多少，因为2号助人型客户最看重的是心意。

（2）共同话题

销售方可以采取自我开放的态度，先分享自己的家长里短，拉近与客户的彼此距离，打开共情空间，引发下一阶段的共同话题。

（3）乐于表扬

2号助人型在付出的同时也希望收获他人的表扬和赞美，他人的肯定会激发其内心深处的力量，从而形成更强大的感召力，所以，我们在与2号助人型客户交往时，一定不要吝啬自己的赞美之情。也许对于某些人来说，赞美可能是阿谀奉承，但是对于2号助人型客户来说，赞美就是极大的褒奖，

是其勇往直前的力量。

（4）热情慷慨

2号助人型客户凡事都会亲力亲为、积极参与，慢慢地，你会发现其绝大部分客人都是他多年的老客户。所以，一般只要我们热情慷慨地与其交往，就很容易跟2号助人型客户建立长久且良好的人际关系。在交往中，要试着展现自己的优点，用个人魅力打动他，也可以适当地开开玩笑，活跃一下气氛。2号助人型不同于1号完美型，轻松愉悦的氛围会更利于接下来关系的发展。

（5）表达需求

"帮助"的相生词是"被帮助"，所以如果你想与2号助人型客户建立良好的合作关系，不妨大胆表达自己的需求，只有你需要他的帮助，他才可以提供帮助。一些人在与客户交往时不敢直言自己内心的想法，拐弯抹角，怕对方认为自己是一个功利的人。但是恰恰你有需求，2号助人型客户才能伸出援手，能够帮到别人会令他们感到有成就感。如果你的客户是2号助人型，那就大胆开口吧，只要不是无理过分的要求，他们都将乐意为之。

三、如何提升工作伙伴的管理成效——当伙伴是2号助人型时

让我们仔细回想一下，工作伙伴中哪几位是2号助人型，他们有什么样的特点？有哪些值得你学习的方面？你应该如何和他们进行沟通、相处以及如何支持他们，才能取得最好的工作效果呢？

1. 如何发现2号助人型伙伴：待人热情，喜欢帮助

要在工作中发现2号助人型伙伴，你可以留意平时与他相处的细节，从他的待人处事和思维习惯来推测其是否为该型号的伙伴。

（1）待人处事

通常，我们认为2号助人型伙伴的人缘很好，对谁都好，这是一个基本

的前提。可是，如果交往久了，你慢慢会发现，2号助人型伙伴其实很容易有小圈子，或者是同乡、同校，或者是一起出过差的同事，而且时而会有变化。除非你一直没有离开他的视线，留在他的圈子里面，否则在小圈子里面和小圈子外面，你接收到的信息迥异。换句话来说，你会发现小圈子里的人更需要2号助人型伙伴的付出。

在处事方面，2号助人型伙伴有一个显著特点，就是难免会感情用事，或者说工作上的人情往来多过工作职责要求。我曾经有一位2号助人型助理，基本上工作时间都在跨部门走动，而自己的本职工作往往要等到下班甚至被人催促后才能完成。因此，这里需要提醒2号助人型伙伴的是，别因为人情关系而模糊了工作职责的边界，否则难免会有出力不讨好的付出，自身的工作绩效也会被影响。

（2）思维习惯

2号助人型伙伴惯常的思维模式是"这件事情，你需要我做什么""我能做些什么满足到你的需要"。因此，一方面，2号助人型伙伴在面对工作任务的时候，首先考虑的是能够令多少人受益，其次是有没有令更需要我的人受益，并且他们很有可能很难对安排的工作"Say No!"。另一方面，你可能会发现2号助人型伙伴答应很多人的一些事情，最后并没有完成，为什么呢？因为2号助人型伙伴首先答应的是态度，是我愿意帮助你的态度，而在具体的工作过程当中，很可能又有新的需求进来了，又忙着答应新的事情了。因此，2号助人型伙伴并非答应一件事情就一定会有结果。相反，经常出现的是，2号助人型伙伴不求也应，没有答应你的事情反而给你办完了，但是不是你迫切需要的呢？这个就未必了，这可能只是2号助人型伙伴觉得你需要帮助的地方。因此，当我们明白这一点的时候，我们就更能理解和包容2号助人型伙伴的思维模式了。

2. 向2号助人型伙伴学习什么：友爱付出重人情

在公司管理中，2号助人型伙伴是一个天生的"跨部门沟通好手"。具体来说，在工作中我们应该向2号助人型伙伴学习什么呢？

2号助人型伙伴身上的个人魅力：友爱付出重人情。

（1）先人后己，享受付出

凡事总是先满足别人的需要，将自己的需要放在后面，而且会尽量多付出，更享受与人交流和帮助别人的过程，因为他觉得这样会令大家认为他是一个有大爱的人。

（2）人情往来，亲和力强

2号助人型天生具备很强的与人建立亲密关系的能力，而且，除了工作之外，他们在生活、旅行、家庭养育等方面有很多共同的聊天话题。

（3）大事化小，小事化了

他们不会过多地计较个人得失，所以在矛盾处理上面，会觉得人情大于天，很容易将事情以大化小，以小化了。换句话说，就是肚量比较大，能够更多地容忍不平和委屈。

3. 如何支持2号助人型伙伴提升管理水平：学会分清边界，提醒照顾自己

我们在与2号助人型伙伴相处时，既要学习他先人后己的态度和乐于助人的工作精神，同时也需要采取一些方法支持他在管理工作中更好地扬长避短，发挥效能，提升管理水平。以下是经过实践验证可供参考的具体方法。

（1）表达感谢

2号助人型伙伴平日里对大家好，内心当然希望得到感谢，所以我们每次接受帮助之后要记得向他表示感谢。当然，如果有旁人在场更好，这就可以让更多的人看到2号助人型伙伴的爱。

（2）重点工作

通常，2号助人型伙伴很难拒绝别人提出的要求，总是不自觉地来回走动。当看到2号助人型伙伴忙忙碌碌的时候，我们需要去帮助他厘清重点工作和非重点工作，或者说帮他进行时间管理，把工作分成既紧急又重要的、不重要但紧急的、重要但不紧急的以及不重要也不紧急的，这样才可能在短时间内提高管理效率。

（3）代替拒绝

2号助人型伙伴很难拒绝他人提出的需要，如果你真的要帮助他更科学地进行时间和精力的分配，就需要根据需求的重要和紧急程度，从旁观者的角度代替2号助人型伙伴表达拒绝。代他拒绝别人，这一点对于2号助人型伙伴来说也很难，但若你发自内心地想要帮助他，这是需要去做的，即便刚开始，他觉得你这样有点儿不近人情。

（4）分清边界

通常情况下，2号助人型伙伴认为"你的事就是我的事"，这就需要我们帮助2号助人型伙伴分清立场和你我他之间的边界，哪些是你的事，哪些是我的事，哪些是现在必须做的事，哪些是可以过几天做的事，哪些事可以跟别人讲，哪些事不能跟别人讲等。

（5）人情分开

在2号助人型伙伴做决定的时候，你要提醒他是出于人情还是事情的需要，或只提醒他考虑二者的因素分配，不要一边倒，更不要为了人情作出或许并非理智、全面的决定，要学会暂停一味向外付出的步伐。

（6）照顾自己

提醒2号助人型伙伴每年定时检查身体，当然，你可以提出让他陪你去检查身体，他自然就去了；提醒他身体有恙及时诊疗的重要性，因为只有自己身体好，才可能有更多的时间和精力帮助他人、照顾子孙；提醒他掌握多门技术、技能或者继续学历教育的重要性，因为只有自己更加强大，才会有能力帮助到更多的人。

四、突破自身领导力瓶颈——假如我是2号助人型

之前，我们学习了如何发现并成交2号助人型客户，如何发觉并支持2号助人型工作伙伴，现在来看一看自己，如果我们本身就是2号助人型，同时又是一个领导者，该怎样分析自己的性格，怎样扬长避短，突破固有的思想观念和路径依赖，让自己的领导力能力更上一个台阶呢？

1.你是2号助人型领导者吗？是不是总想着帮助别人

要想进一步了解自己到底是不是2号助人型领导者，不妨从内心觉察，问自己三个问题。

（1）总是容易发现周围人的需求，即便这个人看起来和你毫不相关，而且你的内心总有一股想上去帮忙的"冲动"？

（2）当别人向你提出要求的时候，你很难拒绝，即便你并没有完全的把握；而当自己有需求的时候，你又很难说出口，怕给别人增添麻烦？

（3）当有更好选择的时候，你总是想到其他人更需要，你也愿意为其他人争取，而不是第一时间单纯地为自己争取？

请根据自己的常有想法认真作答，如果三个问题都符合你内心的想法，那么，你有可能是一个在工作中很会为他人着想、做事情首先考虑人情且擅长"民主管理"的领导者。

2.2号助人型领导：施大于受的爱心感召天赋

2号助人型领导，很会为员工着想，善于听取不同的意见，能将大家聚集在一起，在满足员工个人利益的同时，组织大家共同完成目标。因此，他

的天赋在于强大的爱心感召力。

同时，不善于当面拒绝、不大会直接批评人的 2 号助人型领导的这些特质有可能使他领导的团队内部隐藏不同的争议，也有可能埋下日后管理冲突的隐患。

在一品九型课堂里，有一位 2 号助人型，她的一个女儿在美国生活，生了一个男孩，她每年都会安排一段时间前往美国探亲，享受天伦之乐。可是，女儿会抱怨妈妈在美国的时候和在国内一样，喜欢招呼别人来家里做客，也喜欢到处走动。但非常容易与他人建立良好的关系，这就是 2 号助人型天生热情好客的魅力所在呀。

其实，这位 2 号助人型在国内有很多产业，但都是与人合作开办的，如服装品牌店、休闲养生馆，问她自己有没有独立的产业，她说没有，没时间有，因为她的时间都被其他工作占据了。她还有很多社会公益身份，比如省慈善基金会会员、遗体器官捐赠志愿者、省旗袍协会志愿者等。

有一次，一位在旅行社工作多年的老朋友打电话跟她诉苦，说年底的任务快完不成了，能不能请她帮个忙，报团参加一个欧洲 15 日游。她二话不说就答应了下来，并把原本去美国的机票退了。这还不算，接连几天，她给身边的亲朋好友一个个打电话，问他们有没有兴趣和自己一同欧洲游，结果不到一周，她帮助这位旅行社的老朋友成交了 15 单，几乎都可以单独成团了！当我们问她为何这么用心推荐时，她的回答是："别人都开口了，一定是遇到了难处，我们有能力的话可以试着帮下他，不管结果怎样起码问心无愧。"对，这就是 2 号助人型人的人性，付出与奉献。

可见，2 号助人型领导的天赋就是：强大的爱心感召能力。

3.2 号助人型领导力提升宝典：注重自我修炼的领导核心

2 号助人型领导虽然有很多人际方面的优势，但这并不代表他们就是完

美无缺的，要想在成功之路上走得更长远，我们还必须了解2号助人型领导
需要避免的方面以及提升宝典。

（1）2号助人型领导需避免什么

当2号助人型领导想启动一个项目的时候，需先问清楚自己几个问题。

一是问清楚这个项目是你自己真的想做，还是想借着参与和付出去取悦
对方；二是要弄清楚你想做的是项目本身，还是只想满足对方的需要；三是
假设从这个项目中你不会得到任何回报，甚至你还可能受到最亲近的人的误
解，认为你是耳根子软，经不起别人的软磨硬泡，你是否还要做？

当你回答完以上问题，还想去做，那么接下来，你需要在项目执行阶段
避免以下问题。

①干涉过多：有时人们必须自己解决自己的问题，并保留属于自己的空
间，小心别把别人的问题当作自己的问题。别人可能并不需要你来拯救，别
过分强调自己能够帮助别人，这可能是个巨大的陷阱，要搞清楚自己责任的
界限。

②假想事实：很多时候，尤其是在没有接触到的场景和人物时，2号助人
型领导习惯以亲疏远近来假想别人的决定和举动，即便别人压根不会那么想、
那么做，可他始终认为对方就是那样的人，就会那么想。这是一个危险的行
为：假想事实。

③以爱操控：虽然了解别人的需求是2号助人型领导的天赋，但这并不
意味着，每一次满足都是对方内心的需要，有没有可能满足的只是自己想通
过帮助别人让别人爱上自己的需要呢？况且，这种满足有的时候还带着控制，
"我是为你好，你必须听我的"，这样的满足难免会带来伤害。

④内外圈子：圈子是某种共同体的象征。2号助人型领导往往同时被几个
圈子需要，而他又不懂得如何拒绝，所以接触外人的机会比较多，难免会出
现不同圈子文化的差异，有的甚至是矛盾的。而这种小圈子的状态极有可能

蔓延并影响到 2 号助人型领导的公司内部，并形成各种圈子的小文化，这也是需要注意的。

在项目结束阶段，如果结局皆大欢喜，自然归功于大家的努力，但也别不好意思争取自己应该获得的利益；假设结局不尽如人意，也别到处抱怨，抱怨是一种可怕的影响，会让别人以后再不敢跟你合作。毕竟，你也是做好了各种准备才投入这个项目的，不是吗？

（2）2 号助人型领导力提升方法

①修炼自身：发展对自身有意义的兴趣和活动，并且积极努力、认真持续地去做，如绘画、插花、书法、钢琴等都是不错的提升自我修养、品位的活动，技多不压身，也只有自己的能力和品位提高了，才能够从更高层次去帮助他人。

②静心临在：参加训练回归自身注意力的活动，多做静心的活动，比如瑜伽、冥想、打坐；把手机静音，在没有外物驱使的环境里，纯粹地把注意力放到自己的内心，学会放空思绪、放下情绪、放松身体；学会进入临在状态，与世间万物合二为一、融为一体，激发自身的智慧与内心的力量，而并非一味地外求能量和精华。

③学会说"不"：尝试着拒绝和说"不"，对自己能力范围以外的事情明确拒绝，在模棱两可的事情上婉转拒绝；授权下属进行严格的制度管理和流程制造，让制度管人、按流程做事、以机制监督、凭成果说话，不断减少管理沟通中人为主观因素的干扰；在职场管理中，让员工逐渐做到"老板在和不在一个样"。

④边界管理：掌握并运用边界管理，遵时守约，严于律己，对自己永远提出更高标准的要求；严格控制好自己的工作时间，上班做公司的事情，下班做家人的事情，不随意陷入他人的情感和工作中；在管理中能分清人情和事情，人归人、事归事，人事分开，再亲密的人，犯错了同样惩罚，

赏罚分明，才能公平公正。这些都将有助于2号助人型领导水平更上一层新的台阶。

关于2号助人型的教练问题

1.2号助人型热情好客，在公司里擅长客服、工会等工作，他的关键词包括（　　）

A.抑郁、孤独、死板　　　　　B.需要、迎合、不拒绝

2.以下描述更有可能是2号助人型客户的是（　　）

A.就事说事，不苟言笑　　　　B.见人喜欢微笑，爱谈家长里短

3.与2号助人型客户相处的八字要诀是（　　）

A.理性对待，系统分析　　　　B.引发需求，表达需求

4.哪种是2号助人型?（　　）

A.界限分明，我的事和你的事分得很清楚　　　　B.待人热情，习惯帮助他人

5.向2号助人型学习（　　）

A.严谨细致爱挑错　　　　　　B.友爱付出重人情

6.如何支持2号助人型提升管理成效?（　　）

A.拿出领导气势，顺我者昌逆我者亡　　　B.学会分清边界，提醒照顾自己

7.你觉得自己像2号助人型的原因是（　　）

A.我是个超级理性不被打扰的人　　B.总是想着别人的需要，总想着帮助他人

8.2号助人型领导力的提升方向是（　　）

A.爱就要不顾一切地付出　　　B.注重自我修炼的领导核心

第四章

3 号成就型

——我"优"故我在

一、人群中如何发现3号成就型：我"优"故我在

1.型号概述：价值观、注意力焦点和名人故事

[价值观]

3号成就型的价值观是：这个世界充满了竞争，人与人之间相互比较，相互竞争，而我只有比过去的我和身旁的人更有能力，更加成功，大家才会爱我，所以"我要出人头地，并且被人看见，被人认可"。

[注意力焦点]

3号成就型的注意力焦点总是不自觉地放在周围人能力与自己能力的比较上，或者跟过去的自己相比较，有且只有比过去的自己或者比身旁的人更"优秀"，才会觉得自己值得被爱，故称为我"优"故我在。

[名人故事]

香港著名艺人刘德华曾在电影《傲气雄鹰》中说过这么一句台词："有信心不一定赢，但没信心一定会输。"现实生活中，他也同样这么认为。在演艺圈中谋生从来都不能让别人给你信心和机会，每个人都希望变成最耀眼的那颗星，所以万事都要尽力而为，付出百倍努力，只有这样，才能等到万众瞩目的那一天。每个人都希望比过去的自己和身边的人更加优秀，即便是金马影帝刘德华也不例外，他从没有停止过奋斗的脚步。最终，他让自己在世人面前呈现出最完美的形象，获得大家的一致认可和喜爱。

2.型号描述：素描画像、基本生命观点、型号关键词、适宜的工作环境和擅长的职业

[素描画像]

3号成就型的素描画像——我"优"故我在：讲能力，讲价值，讲效率；不断提高自身能力和价值体现，并且希望自己取得的成就能够被人看见；在工作中关注能力与岗位的匹配，讲究多劳多得，属于优势领域的"业务明星"。

我比其他人成功

社会是个竞技场，
我必须出人头地

实力派

我讲究实效，重视能力

我常常不自觉地与人比较

我在意别人如何看待我，是不
是一个有能力、优秀的人

更关注事物积极的方面，
很少理会消极负面的部分

在一品九型工作坊的课堂现场，来的朋友中以 3 号成就型居多，为什么呢？因为 3 号成就型本身就有比别人优秀的心理动机，所以学习的场合基本上都有他的身影。另外就是听说身边有人学习了，他也会去学，不愿落后于别人。最关键的原因是，3 号成就型是实用主义者，他往往想通过学习来掌握驾驭他人的本领：搞定他人。

所以学员当中的 3 号成就型在工作坊现场常呈现为以下几种：一开口就告诉你他很多年前就学过九型了，言下之意是他学习得比你早；强调自己跟国外哪位大师学习过，教自己的老师是国际大师；竞选班干部，或者经常在课堂里与老师互动。大家能看见他频频点头，他想表达的意思是"看，我都听懂了"，说明他内心渴望被大家看见。如果老师再多些回应和表扬，他心里更会乐开花。当然，如果以上部分都没被看见，他或许又会呈现出相反的面貌，如不理会任何人甚至老师，以此来显示他不在乎，并以这种反向行为来吸引大家的注意。

当然，任何型号的人都有健康和不健康的时候，有很多高层级的 3 号成就型，在陌生的学习场合更多采取观察姿态，去发现周围比自己更有能耐的人，并不自觉地偷偷学习乃至超过他，所以有可能到最后课程结束了才被发现，"哇，你这么有能耐，才发现啊"。对啊，你要知道，这就是 3 号成就型内心希望被发现的"低调的炫耀"。

[基本生命观点]

这个世界是个竞技场，每个人都在奔跑，所以我必须努力，比过去更加优秀，人们才会来爱我。

[型号关键词]

优：优秀、优等、优先等，通常 3 号成就型的内心无时无处不在比较，有没有比同龄人更厉害？有没有比同学更有成就？有没有比同时进单位的人更优秀？有没有比过去的自己更有能力？而优秀就成了 3 号成就型的内心动力，有时也可能成了阻力。

比如，在陌生的场合，如果发现身旁的人各方面都不如自己，不管穿着打扮还是言谈举止，甚至开的车、戴的手表、背的包包等，他内心就会不由得浮现出优越感，甚至表现在脸上，当然就愿意多说话、多表达；倘若是相反的，他就很可能变成默不作声的那个人，因为不想被人看见自己不如别人。可实际上，或许别人压根没有在意，时时刻刻在意自己表现的，只是他自己而已。

目标：这里的目标既是 3 号成就型的动力点，也可能是阻力点。通常情况下，做一件事情的价值是什么？目标是什么？这是 3 号成就型容易首先考虑的方面，因为这涉及一个人的能力体现，达到目标即说明我行，我是成功的；相反，如果体现不了自己的价值或者做不到事情的成果目标，也就意味着自身能力不行。那么与其面对失败的结果，倒不如不要开始，所以与 3 号成就型自身能力不相匹配的目标，有时反倒成了阻力，让其不愿意提及，不敢开启。

形象：这里的形象不仅是指外在的服饰着装，还包括自身内在能力的体现。我们常常看到 3 号成就型在自身形象营造方面下的苦功夫：女生重视不同场合的服饰搭配，出门前花大量时间来打扮自己，很多衣服放在衣柜里还没有剪牌子就过时了，而买时髦的品牌服饰，似乎又成了成功形象的代名词；而男生的形象更多体现在讲话的腔调上，面对不同环境和对象的时候，他的表达截然不同，甚至有时候你会怀疑同一个人说出来的话为什么会有这么大的区别。因为他想让自己表达得越来越简洁得体，所以不断变换表达方式。当然，更多情况下，3号成就型更乐意别人用"很能干"这个词来概括自己工作时的能力表现，所以我们经常看到，他非常愿意成为"拼命三郎"般的存在，而且他的生活里面也充满了工作，节假日他也可能在"镀金"——参加各种学习班和考试，提升自己的能力，力图使自己的能力和表现不断优于过去的自己，而"爱学习"就是他积极正面的形象。

看见：3号成就型希望别人看见自己"优秀"的部分，不希望别人看见自己"不优秀"的部分，就是只想让你看见好的，不愿让你看见不够好的，即便那是真实的。那么，这里面就可能存在一个巨大的"误会"：3号成就型只是希望你看见并且最好还能顺便表扬自己"优秀"的部分，他们只想要一份小小的认同而已，可有的时候，他们用力过度，结果被别人误解成了"炫耀"。比如一位3号成就型在课堂上说学习体会，她说这堂课最起码值30万元，同学们都惊呆了，真的有这么好吗？未必。后来她解释说是因为来上课没有去签一份30万元的合同，但是问题来了，她不来上课就一定能签成合同吗？也未必。只是这么一说，瞬间吸引了大家的注意：我是一个能够签30万元合同的"有能力"的人。可这么一说，就令有些同学觉得这位同学在"炫耀"。实际上，她可能确实是签署过30万元合同的人，只是她这个假设用在课堂里，并不是很恰当而已。可她的发心其实很简单，只是求一份小小的认同而已。对此，我们只需要看到并且点头认可就可以了，这就是随喜。而随喜是赞叹他人的功德，也是3号成就型需要终身去修行的部分。

[适宜的工作环境]

可以施展才华的舞台，可以持续学习进步的平台，有赏识认可并且支持的领导上司，有价值驱动、讲究效率的工作氛围，最好有一帮崇拜的跟随者。

[擅长的职业]

主持人、市场部销售员、新业务推广员、业务员、创业者、自由职业者、微商、团训带领者、老师、培训师、形象设计师、营销策划人员、杂技演员、职业经理人、项目经理、公关、广告从业者、配音员、运动员、舞蹈艺员等职业。

不建议从事的工作：财会、机房值机员等。

3. 微课实录：九型人格基础之 3 号成就型

3 号成就型也被称为实干家。他内在的价值观是：在这个世界上，只有出人头地，只有优秀成功，有品质、有能力，大家才会看得起我。所以呢，在 3 号成就型的心目当中有个词语非常重要，那就是"优秀"，我"优"故我在。

我们认为，一个内心向往优秀的人，往往会不断给自己制定各种成功的目标，或者制定各种工作任务。大部分时间 3 号成就型都在提高自己，提高能力，或者说完成任务等，所以每当节假日或者周末，3 号成就型要么在学习，要么在考试，要么在加班，很少有休闲的时候，因为他容不得自己休息。

即便谈到休息，3 号成就型也有可能把休息当成了一个目标，或者一项任务。比如说这个星期结束了，接下来要放松一个星期，带家人去郊外泡温泉，他很有可能对郊外的路程、将会发生的快乐等都不大关注，而更关注几点钟能到那个地方，泡到几点钟就必须回来，回来之后还要继续下一阶段工作等。

可见，即便在休息的时候，他脑海中依然想着工作。由此，我们不难推测，正是因为目标感和动力性很强，3 号成就型在很小的时候就有可能已经在班上成了学霸、班干部、积极分子等这些在人群当中突出和优秀的人。

而这种突出和优秀又往往伴随着一种形象，即一种社会主流价值观，或者一种主流文化形象。打个比方，很多年前出来创业做生意，那就要西装革履，开小轿车；过了几年，当他的企业做到一定规模，进入不同的圈子，他就要积极地参加各种总裁班、商业论坛或者各种各样的协会和组织；到了现在，他与人交际已经不仅谈论钱，而且谈论互联网，谈论 "互联网+"，谈论 AI、AR 运用，谈论 5G 时代物联网，甚至还会经常到深山老林去辟谷养生，去修身养性等。而这些不断变化的各种形象，往往正是这个社会主流文化中优秀 "成功者" 的形象。

而这种 "成功者" 的形象既包括他外在光鲜亮丽的着装，也包括他与别人交谈时候的言行举止和内涵表现等。通常人们有这样一种观点，3 号成就型有时候被称为天生的表演家，他进入一个场合，特别容易成为这个场合里面醒目或者耀眼的中心，呈现 "我" 的优秀。

3 号成就型的注意力焦点会放到哪里呢？有可能是他优势领域中与他形成竞争比较的那个人。那个人有可能是同行，有可能是过去的自己，还有可能是和他一样准备在会议上发言的同事，他总是不自觉地想着怎样能够比别人说得更好、说得更漂亮或者讲得更多、显得更有高度。

4. 职场案例：别为了显示自己的优越，站在别人的肩膀上

有一次，在我的课堂上，有三位 3 号成就型在分享。第一个 3 号成就型发言说，他小的时候在学校里是 "学霸"，而且舞蹈大赛都是拿第一的；第二个接着说，他从小考试成绩一般，但是工作时，在全单位是第一个考上科级干部的，也是科级干部里面最年轻的；轮到第三个说了，他说，他读书的时候没怎么用心，出来工作也没怎么下功夫，只不过总讨领导喜欢，他们那年代连竞聘都不用，被领导看中了，直接提拔成了全系统里面最年轻的处级干部！

有心的你必然会发现，他们内心总是不断地在比较，都在用语言表达"我就是比前面那位更优秀"。当然，当这种优秀的基因成为动力的时候它是正向的，但是如果在人际交往当中不断证明自己，这个时候就需要留意，彼此是否在关系层面有了一点点的阻碍，那就是我的优秀要建立在比你更厉害的基础上。

最后，送给3号成就型的一句话："点自己的灯，别吹灭他人的光。"

二、销售中如何搞定客户——当客户是3号成就型时

我们已经基本了解3号成就型的行为特征，那么在销售中，我们如何用九型人格的常识来发现3号成就型客户，同时成功向其推销产品，顺利地完成销售呢？

1. 如何发现3号成就型客户：成功形象，凸显自我

初次认识，我们可以从观察肢体语言的"三看"和倾听口头表达的"三听"两个方面来推测对方是不是3号成就型客户。

（1）三看：从肢体语言推测

首先，看形体。

3号成就型客户的身体形态跟主流"成功"意识文化推崇的"成功人士"形象有相通之处，譬如女性在唐朝以胖为美，那么"成功人士"多是丰盈之态，而现代人追求消瘦，讲究"成功"形象的3号成就型女性客户就更多以

S形身材和"网红脸"为美，所以当今医美之风大行其道，是因为市场需求巨大。然而3号成就型女性客户在形象上并非千篇一律，有的反其道而行之，比如茶服、禅服、道服、旗袍装、复古装束等，又形成了另外一种"成功"的形象。而3号成就型男性客户，则形象不一，有的跑马拉松，有的健身，有的游泳，有的打高尔夫、网球或者羽毛球，但大部分身上有锻炼运动的痕迹；然而对于常年在生意场上应酬的生意人而言，其形象更多是大腹便便，脖子上、手腕上常佩戴珠串，腰间则貌似不经意地斜挂豪车钥匙来彰显"身份"。

简单来说，3号成就型客户，要么穿戴品牌服饰，要么热衷于打造"成功的体形"。当然，对于成功的3号成就型客户而言，这更多是充分而非必要条件。

其次，看表情。

3号成就型客户的面部表情变化丰富，他可以瞬间从表情的一端切换到另一端，像温度一样，瞬间从0℃切换到100℃！你可以看到，他跟不同的人交流的表情很不一样，这得看对方对于3号成就型客户的重要程度，当然这当中更多的是价值感在起作用。不过，有些部分是共通的，比方说，当你认可他的生意或者他在自我激励、主动推介自己生意的时候，你甚至可以看到他夸张的肢体动作和面部表情。所以不懂3号成就型客户的人有时候会觉得他讲话有些"张扬"，其实这些外在行为的内在都有一个内心动力点在驱使："我是优秀的！"

最后，看眼神。

3号成就型客户的眼神跟内心的关联很明显，如果他很在意你的话题，就会死死盯着你，你甚至能够从他的眼神中感觉到被侵入的敌意，或者强烈的被占有欲，就好像你就是他的目标，甚至已经是他的囊中之物一样，当他下决心要拿下你的时候，你就能感觉到对方眼中强烈的侵入感。

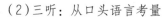

（2）三听：从口头语言考量

首先，听音量。

3号成就型客户说话的音量、音幅和腔调，通常都有些夸张。如果你仔细听，能听出他讲话很有这个行业成功者讲话的"腔调"，听他讲话，你大概就能想象出他所处行业中那些优秀人物说话的样子。当然，这并没有定数。比方说一个平时语速很快的人，用心学习身心灵成长课程时，当听到老师舒缓而入心的讲话时，他讲话的声音和腔调也会逐渐跟老师同步，变得舒缓而入心，不知不觉当中，通过讲话向旁人传递出一种信号："我是优秀的身心灵成长老师。"

其次，听口头禅。

你经常可以听到3号成就型客户说"我可以的""好的，你放心，没问题"，这些话的内心语言是你要知道我的能力是"OK"的，不用怀疑，不用担心，我有能力把这件事情办好！也会听到诸如"我这人要么不做，要做就做最好"等的表态，言下之意就是"不是我不会做，是我不愿意做，只要我做了，就一定是第一名"！当然，也有3号成就型领导会对下属说："别说理由，请拿结果说话！"说明他只想知道结果，没工夫耽误，因为还要处理更有价值和意义的工作。

最后，听内容。

在一品九型工作坊的课堂现场，我常常举例说，两个初次见面的3号成就型客户，一见面就免不了进入"表扬与相互表扬"的夸奖模式；如果是很熟悉的两个3号成就型客户，一见面就很容易进入"抬杠"模式，旁边的陌生人越多，他们越起劲，似乎这样就越能吸引他人注意，也越能显示自己的能耐！

因此，跟3号成就型客户交流，要做好两手准备，要么精准、恰如其分地夸奖对方，要么心甘情愿地做被教育甚至是被批评的对象。二者表面虽有不同，内在却是一致的，即都要令 3 号成就型客户内心的优越感攀升，如果能够借由抬梯上轿让 3 号成就型客户反"教导"如何进行业务销售，基本上你的销售就大功告成了。

2. 与 3 号成就型客户相处的八字要诀：托举优越，增换价值

（1）投其所好

首先，摸清客户的爱好和特长，准备一个小小的见面礼。3 号成就型客户需要的是被尊重和被信任。一般来说，3 号成就型客户都是一些职场精英人士，所以我们要让他们有被人重视的感觉，切记不可忽视其个人喜好和行事风格，不要用自己的方式随意对待他们。一旦 3 号成就型客户觉得对方没有礼貌、大大咧咧，便会为这段关系按下暂停键，他们希望自己的合作伙伴是同自己一样有能力、值得信任的人。其次，预约好时间和地点。在地点的选择上需要注意，一般他们希望在一个安静、正式的场合展开合作，所以外出游玩的户外场所可能不太适合 3 号成就型客户，我们可以试着把地点选在茶室或私人餐厅，这样他们会觉得自己的隐私得到了保护，合作也会更好地达成。

（2）注重形象

心理学上的"首因印象"，对于 3 号成就型客户而言尤为重要，因为这种客户觉得"形象永远走在能力前面"！有时候，职业化的形象决定了沟通成功与否的一半：即不能给客户留下华而不实的印象，如客户没有喷香水，销售方就一定不能喷香水出门，这很忌讳；又不能穿着过于随便，尤其是男士的鞋子，看鞋便知品位。

（3）客户圈层

3 号成就型客户有时会不自觉地流露出与当地社会精英或高层名士的交往生活，这是工作圈层和生活格调的体现，销售方要不失时机地抓住机会，仔细聆听客户表达彼此关系中的信息。这里需要提醒的是，千万不能在此时议论和点评他人，因为能够被客户说出姓名的都是人以群分的圈层，可适时表达自己被允许融入圈子的感谢，要始终托举客户在交流心理上的优越感。

（4）表达赞美

抓住一切机会，引发客户打开"自我表扬"的话匣子。通常，每一个3号成就型客户的过去，都有一段经过艰苦奋斗、玉汝于成的历史！我们一定要合时宜地紧扣话题进行交流，也可诚恳而好奇地发问，向其取得过关斩将的真经。一旦客户沉浸往事、欲言又止、"好汉不提当年勇"之时，要适时流露出足够的关注、渴望、崇拜之情。

（5）忌讳缺位

销售方在拜访3号成就型客户的过程中，要始终托举客户的心理优越感，所以忌讳带上级领导拜访，因为这无形中可能造成客户心理上的落差感；也不要提及其他人士，要始终保持极大的尊重，即让客户感觉"你的眼里只有我"。自始至终，销售方要确保客户的心理感受不会出现问题，因为感觉好，关系才能建立得好。

三、如何提升工作伙伴的管理成效——当伙伴是 3 号成就型时

让我们仔细回想一下，工作伙伴中哪几位是3号成就型，他们有什么样的特点？有什么值得你学习的方面？你应该如何和他们进行沟通、相处以及如何支持他们，才能取得最好的管理成效呢？

1. 如何发现 3 号成就型伙伴：工作代言，能力优先

要在工作中发现3号成就型伙伴，可以多留意平时与他相处的细节，观察分析他的待人处事和思维习惯以推测其是否为该型号的伙伴。

（1）待人处事

对于 3 号成就型伙伴而言，工作意味着自身的价值体现或者价值增值，所以 3 号成就型伙伴通常与人的交往都与工作紧密相关，就像古语常说的"无事不登三宝殿"。而通常人们对有事才聊、无事不扰的人，会觉得少了那么一点儿人情味，因为在 3 号成就型伙伴的眼中，人情味基本上就是聊些无用的天，比如家长里短等，似乎是缺乏功能性的人际交往。

但是，3 号成就型伙伴对于工作和自身能力提高的重视又是非常值得我们学习的。在很多情况下，3 号成就型伙伴往往是本职工作的代言人（除非在该工作上得不到成就感），他们对工作的态度往往取决于领导的认可，而他们的工作能力往往取决于他们对自我的要求。加班加点对于他们来说是家常便饭。周末他们也不闲着，瑜伽形体、演讲礼仪、插花茶艺、智慧家长课堂等往往又成了他们提升能力的场所。

（2）思维习惯

3 号成就型伙伴的思维习惯是"做这件事情，我能得到什么"，当然，这里的得到并非仅指金钱，还包括新的知识、技能、能力，特别是他人的认可，如果有明确的期待，那么他做这件事情就非常有动力，尤其是当他有把握的时候。

通常他们对能否大展拳脚很在意，有的时候难免会夸大其词，如为了给别人留下更好的印象，把"我能做什么"轻而易举地说成"我能做到什么"，好比为了证明"我有能力组织公司的工会活动"，可能就将原来组织过一次类似活动说成"成功组织过多次类似活动"，在他人看来，这是很有经验和能力的，可是对于熟悉的人来说，这当中就有夸张的成分，所以熟人都会控干"水分"去理解他说的话。而对于学习过九型人格的人而言，这个确实是需要我们去理解 3 号成就型伙伴的部分，因为 3 号成就型伙伴有一颗渴望被认可为"优秀"的心。

2. 向 3 号成就型伙伴学习什么：敢想敢干争第一

在公司管理中，3 号成就型伙伴可能是一个风风火火的"工作狂"。

具体来说，在工作中我们应该向 3 号成就型学习什么呢？3 号成就型伙伴的个人魅力：敢想敢干争第一。

（1）结果导向，效率优先

工作中，他总是聚焦跟自己有关的工作任务，目标感强，能更快、更好地达成结果，因为这样会令大家认为他是一个有能力胜任工作的人，甚至是工作岗位离不开的"形象代言人"。

（2）不甘人后，提升能力

有很强的竞争意识和内驱力，当他看到或者听到别人去学习了新的知识或者能力的时候，会不甘心落在人后，也抢着去学习、锻炼，所以往往会是引领公司成为"学习型"组织的人。

（3）适应环境，成为中心

3 号成就型伙伴有种天赋，就是特别容易适应变化的环境，并且非常善于学习和吸取环境当中优秀人物的行为特点或讲话风格，不自觉地模仿甚至超越中心人物，这种适应、改变、模仿、超越的能力就是"敢想敢干争第一"的能力。

3. 如何支持 3 号成就型伙伴提升管理水平：记住照顾关系，挑战更大可能

我们在与 3 号成就型伙伴相处时，需要学习他适应环境变化快和做事情效率高的工作特性，同时也需要用不同的方法支持他在管理工作中规避不足、发挥优势，提升管理效能。以下是经过实践验证可供参考的具体方法。

（1）欣赏优点

3 号成就型伙伴内心总希望大家看见自己的"优势部分"，就好比孔雀为鼓掌的人开屏一样，所以要学会夸奖 3 号成就型伙伴，可以夸他工作能力突

出、穿衣有品位、讲话声音好听等。当然，夸得越具体越实在越好，如果有其他人在场，让更多人看到就更好了。

（2）照顾关系

一般情况下，3号成就型伙伴的时间都用在完成工作任务或者接待客户上，很少有额外的时间来处理和经营与其他同事、伙伴之间的人际关系，难免会忽略非工作需要的人际关系。这个时候你需要支持他照顾到周边的关系，让他不要顾此失彼，因为关系也是生产力。

（3）留意感觉

3号成就型伙伴往往会一头扎进工作，容易忽略自己的身体以及感受，以至于经常加班加点，甚至节假日也不放过，要么忙于工作，要么把游玩休闲当成任务来完成，无心去感受美好的过程。这个时候你需要提醒他慢下来，去感受自己的身体和情绪。

（4）挑战可能

3号成就型伙伴对自己有更高的要求，也希望能够得到更多的认可，他希望能够挑战更多、更难的项目，如果达成了目标，你要及时予以认可。假如朝九晚五按部就班地工作，他反而会认为自己的价值无法体现。

（5）做好备份

通常，在职场中的3号成就型伙伴执着于工作任务，将全部精力用于实现目标，没有更多的时间和精力去思考任务以外的可能性，尤其是失败的可能性。但一旦发生，对他而言无异于灭顶之灾，所以你要提醒他在重大任务、活动事项之前，多预备几套应急方案以防不测。

（6）分享价值

通常，3号成就型伙伴工作的重点在于实现自身的价值，因而往往都有自己的独门绝学或者一技之长，这也是长期工作积累起来的宝贵经验。也正是这些珍贵的能力，使得他更容易在工作中出类拔萃。但这也往往使他招致他人的议论，所以提醒他适当地将这个专长进行价值分享，甚至可以进行生活琐事分享，这将更有利于平衡职场中彼此的心理关系。

四、突破自身领导力瓶颈—— 假如我是 3 号成就型

之前，我们学习了如何发现并成交 3 号成就型客户，如何发觉并支持 3 号成就型工作伙伴，现在来看一看自己，假如自己是 3 号成就型领导，那么我们该如何分析、活用并丰满自己的性格呢？如何突破以往的习惯思维和情绪，令自己的领导力能力更上一个台阶呢？

1. 你是 3 号成就型领导者吗？是不是总想着证明自己

要想进一步了解自己到底是不是 3 号成就型领导者，不妨向内心觉察，问自己三个问题。

（1）做一件事情的动力是总想着把它做得比以前或者他人更好、更优秀、更有品质？

（2）内心渴望他人看到自己的能力体现，渴望他人看到自己成功的结果，渴望在自己的优势领域获得掌声和鲜花？

（3）总是不自觉地屏蔽自己做得不好的方面，更不希望别人看见甚至提及，否则脸上挂不住。假如一定要提"败事"，也会将之归结于外界环境原因，而不是因为自己不够努力？

请根据自己内心的真实念头和常有的想法认真作答，如果三个回答都是"是的"，那么你很有可能是一位在工作中富有效率、在优势的领域容易成为被关注的焦点、擅长"目标管理"的领导者。

2. 3 号成就型领导：价值变现的榜样力量天赋

3 号成就型领导对于周围人如何看待自己有着天然的敏感性，他内心渴望

大家能够看到"最优秀的自己"！自然就会回避让大家看到自己不优秀的部分，所以，3号成就型领导的天赋是为了这份能够被看见的优秀而不断扬鞭自奋蹄、努力活成榜样人！

我是一位3号成就型领导，儿时就觉得"出人头地"这个成语对自己的内心很有感召力。虽然爸爸妈妈从小就要求我对人要和气，做人要团结，也希望我找一份离家近、收入高的稳定工作，但是，这些都不足以打动我，仔细回想，从幼时起，"寻求并展现有价值的自己"就是自己内在的声音，至今未变。

中学时代的我，学习成绩一般，在人前也不多言语，总觉得别人都比自己优秀，自我价值感自然不高。偶然有一次，我看见班主任迟老师写我的名字很好看，瞬间对自己的名字有了好感，也对练字充满了兴趣！那段时间，自己废寝忘食地天天临帖、练字，并且热衷于参加各种硬笔书法比赛，先后获得全校、全区、全国各种名次和奖励，家里的墙上贴满了各种奖状，最好的一幅作品就贴在日光灯管下面，生怕来人看不见！

但是，在学校宣传栏有我的一等奖硬笔书法作品，我却从不上前观看，相反，我总是躲在暗处，偷偷地观察别人站在我作品前品头论足的模样，为什么？我害怕，我害怕他们看见我写得不好的笔画或结构，更害怕他们讲出来给我听到，"这样的字还得一等奖？"，那岂不是很没面子？所以，怕被别人看见不好，哪怕是一丁点儿的不好，这是我天赋背后的盲区。我假装看不见，但是，别人看得见。

大学时代的我，虽然也当过学生会主席，拿过二等奖学金，但始终没什么感觉。20世纪90年代，港台歌曲风靡大陆，少男少女们对会唱歌的同龄人趋之若鹜，你知道的，青春期的少年最敏感。自然而然地，我学起了唱歌，整整学了两年的专业美声唱法，遗憾的是，学完之后，我唱歌还是会跑调，更可悲的是，我对自己唱歌跑调毫无觉察，而且唱歌时的表情、动作夸张之极，常常令人侧目。直到有一天，一位蒋同学竖起大拇指，提醒我说："我真佩服你（如此跑调还自我陶醉）！"那一刻，我巴不得地上有条缝，可以立马钻进去。

当然，学过毕竟比没学过的唱得好一点点，后来，但凡在 KTV 唱歌，我都会等到最后才拿起话筒，为什么？我在听，听他们前面一个个唱得有没有我好听，如果唱得比我好听，我就玩骰子，假装听不见；如果唱得没有我好听，我就唱出自己的拿手曲目，一曲完了，还总会不经意带出一句"好久没唱了"。

后来，我仔细琢磨了这句口头禅，终于从自己的潜意识里意会出来它的意思：如果我天天在唱，就会比现在唱得还好听！你看，多低调的炫耀。

直到学习心理学后，我才意识到自己的这份张扬（膨胀）是源于心底的不自信，总想让别人看到更优秀的自己，巴不得踮起脚尖让别人看见，可是自己不知道的是，太用力的表现，往往会让别人觉得浮夸。

许多年以后，我成了一名职业讲师，习惯了观察和模仿大师级人物的讲台风范，不知不觉，自己讲话的声音慢了下来，声音一慢，就有了气质；嗓门一低，就有了磁性；留白停顿，声音就有了威严。慢慢地，我活成了心目中想成为的人的样子。

自己为什么会发生这些潜移默化的改变？自我觉察后，我发现是自己内在的"榜样力量"促使自己不停歇：总在寻找更优秀的榜样，学习、成为乃至超越榜样，这种种行为内在的动力，都源于一个字——"优"。

每个人心目中的榜样各有不同，你现在的"榜样"是谁？想不想成为他？这就是 3 号成就型领导的天赋：价值变现的榜样力量。

3.3 号成就型领导力提升宝典：立场转向幕后的领导空间

看起来，3 号成就型的人有很多担任领导的特质，比如有强烈的成就动机、适应力强、目标感强等。然而,每种性格都有它不足的一面,如何平衡优势和不足,让身为领导的该型号人士的成功之路走得更远,我有以下领导力提升宝典。

(1)3号成就型领导需避免的做法

注意,当你想启动一个项目的时候,先问清楚自己几个问题。

一是问清楚这个项目是必须现在开展的项目,还是以后也可以开展;二是通过这个项目,你想证明什么,是想证明自己很厉害还是想证明大伙儿跟着我干有前景;三是你能否善待那些奉劝你不要启动项目的人,尤其是过来人的经验要认真听,他们未必是害怕你优越于他们;四是项目最坏的结果是什么,你能否承受得起,你是否能够平静地面对所有知道你启动项目的人。

当你回答完以上问题,确实还想着去做,那么接下来,你需要在项目执行阶段去避免以下问题。

①自我膨胀:把工作当成自己的代言,把工作能力当成外界评价的标准,过分看重工作成果,巴不得所有人都知道你很好地完成了工作,一不小心就膨胀了,目中无人,听不进去外界的声音,尤其是善意的提醒。

②急于求成:当工作还没完成到一定进度的时候,就匆忙进行下一步,希望尽快完成余下的工作项目,以展现自己过人的能力,这就有可能埋下追求数量而忽略质量的隐患。

③贬低他人:这是一种无意识的比较,有可能无处不在。在3号成就型领导内心会经常出现一种声音,那就是"谁比谁怎样了""我要怎样怎样",无心的比较有时会招致他人的嫉妒,引来不小的麻烦。

④回避失败:一个项目运作不成功后,3号成就型领导经常会马上开始另一个项目,这是以战术的勤奋掩盖战略的懒惰,表面上看很刻苦,可实际上是在逃避之前的失败!因此,我们需要提醒3号成就型领导的是:

对失败的总结复盘和从中汲取经验以改进流程和方法，比开始另一个新项目更为重要。

如果一个项目成功结束，要学会像饱满的稻穗一样低下身段，尊重他人，防止自我膨胀，因为说不定以后还有机会精诚合作；如果失败了，要学会像冬日的梅花一样凌寒开放，坚守自我，谁都会有失落和沮丧的时候，但这不应成为失败之后的常态，冬天来了，春天还会远吗？相信自己，一定可以东山再起。

（2）3号成就型领导力提升方法

①留有空间：懂得分享空间给他人，给他人发言的空间、抒发想法的空间、至少留一半功劳的空间、感谢他人协助的空间，多把感谢之语挂在嘴边。

②爱兵如子：把员工当作自己的孩子，要想做到这一点也许有点儿难度，但是，一旦你突破了习惯注意的局限，心怀成就员工的念想，便有机会成为一个格局大、有作为的人，如此必定成就一番大事业。

③赋能于人：试着将自己的视角从台前转向幕后，将运动员身份转为教练员身份，将自己的重心转移，拿出耐心，手把手教伙伴们成交客户的方法，赋能于人，给员工锻炼和试错的机会。不怕员工犯错，就怕员工学不会，不怕员工不会做，就怕员工不愿做。

④莫争输赢：别在小事上争输赢，以免赢了结果，输了人情；要学会和老人相处，学会用欣赏的目光去学习长辈为人处世的经验和方法，只有当了领导，才知道为人的难处、处世的艰险，多听听老人言，少吃亏在眼前；遇到重大事情一定要睡一觉隔天再做决定，宁愿慢一步，别摔大跟斗，步步为营，走得踏实才能走得长远。

关于3号成就型的教练问题

1.3号成就型务实高效，在公司里擅长销售、管理等工作，他的关键词包括（　　）

A.慵懒、无为、贪食　　　　B.目标、形象、看见

2.以下描述更有可能是3号成就型客户的是（　　）

A.足不出户地闭门研究　　　B.营造成功形象，凸显自我优势

3.与3号成就型客户相处的八字要诀是（　　）

A.自我表扬，产品功能　　　B.托举优越，增换价值

4.以下哪种可能是3号成就型？（　　）

A.大事化小，小事化了　　　B.工作岗位的代言人或重视提高自身能力

5.可以向3号成就型学习（　　）

A.随和大方跟人后　　　　　B.敢想敢干争第一

6.如何支持3号成就型提升管理成效？（　　）

A.聚焦任务和目标，其他统统都靠边

B.记住照顾人际关系，挑战更多更大可能

7.你觉得自己像3号成就型的原因是（　　）

A.我是个与世无争的人　　　B.总想着体现自己优异的部分，总想着证明自己

8.3号成就型领导力的提升方向是（　　）

A.下属不行就我来干　　　　B.立场转向幕后的领导空间

第五章

4号自我型

——我"独"故我在

一、人群中如何发现 4 号自我型：我 "独" 故我在

1. 型号概述：价值观、注意力焦点和名人故事

[价值观]

4 号自我型的价值观是：我的内心有一个理想的 "真实我"，而我活在世间，又可能是一个现实的 "大众我"，只有当我的真实与现实融为一体，不与别人相同时，才是 "独特" 的我。这样大家才会爱独一无二的我，所以 "我要与众不同，活出不同主流的人生状态"。

[注意力焦点]

4 号自我型的注意力焦点总是容易被独特的景物、有品位的音乐或画面吸引，然后把这些外在的感觉反馈进自己的内心来，去填充内心缺失的感觉，甚至沉浸于内心的情绪 "海洋"，这样自己才会感受到 "理想我" 与 "现实我" 的融合，才会觉得被爱，故称为我 "独" 故我在。

[名人故事]

亚里士多德是 4 号自我型人格的代表人物之一，他曾说："忧郁的男人是最富有才气的。" 简单的一句话便概括了 4 号自我型的人格特点，那就是为人敏感独立且艺术造诣深厚。在艺术方面表现出色的人，看上去都是忧郁的，这是人格赋予他们的魅力。其感受痛苦的能力也会伴随超常的智力而增强，这类人讲究个性，渴望与众不同，追求独特的感觉，恐惧平淡；一生追求浪漫，情感区域宽阔，敏感；容易情绪化，既可以接受开心，也可以接受悲伤甚至享受伤感；遇见别人否定的时候，往往退缩，懒得争论或者是抗辩；不喜欢别人否定自己的感觉，且常常觉得别人不明白自己。他们最喜欢通过有美感的事物来表达自己的内心想法，所以这类人格中艺术家和思想家颇多。

2. 型号描述：素描画像、基本生命观点、型号关键词、适宜的工作环境和擅长的职业

[素描画像]

4号自我型的素描画像——我"独"故我在：讲独特，讲品位，讲艺术；追求"内在我"的自我认同，内心情绪起伏动荡，一直在追寻和实现生命当中独特的"真实"自我；在工作中更关注公司意义和产品品位，属于"创意能手"。

我，与众不同地存在

生命中有一个理想的"我"，但我又活在现实中

总是感觉自己缺失了生命中宝贵的东西

总是在意遥不可及的，忽略当下

更关注自己的感受

厌恶肤浅的东西

在一品九型工作坊的课堂现场，3号成就型经常会误认为自己是4号自我型，他们认为自己很情绪化，很有艺术品位，也非常在意自我，甚至走路、讲话的样子看起来都与4号自我型更像。那这里就有问题了，"像几号"和"是几号"是两个完全不同的概念，因为当我问学员：如果工作时面对领导、面对客户你还会"我行我素"吗？结果他们要么起争执，要么点头不语，因为3号成就型明白，在工作的时候，他们可以暂停情绪，表现出面对工作应有的状态。而4号自我型不会，因为他在意内心真实的感觉，不会为外在的人物和事件而刻意改变，这种改变不符合4号自我型对自己"求真实"的内在心理。

因此，来工作坊的4号自我型往往都静坐在一角，几乎很少与同桌对话，好像自己玩自己的；他们似乎都不在认真听课，而有的时候又感觉他们特别认真，整个人都沉浸在课堂里，完全不被外界干扰，以至于你会认为他们已经同课堂融为一体；当老师讲解完 4 号自我型，等待学员到座谈小组进行分享的时候，你几乎都没发觉有人已经静悄悄地坐上来了，因为他觉得自己像就上来，完全不理会其他人怎么看待他。

与此同时，他们还有一个相对显著的表现，当 4 号自我型在座谈小组分享自己生命故事的时候，那情形就好像他周围有一个透明的玻璃罩子，把他整个人罩起来，跟外界隔离起来；他的讲话，听起来似乎是自言自语，有时你都听不明白他在说些什么，但是能感觉到他是悲伤的，或者是抑郁的，或者是灵性的，或者像面前有一幅幅画卷徐徐展开；当你想深究其中的某句话时，他可能都忘了自己说了些什么，或者在你的提问中暂停，似乎在等待什么，而你也很难听到他为自己过多解释，因为在 4 号自我型看来，你懂就懂了，不懂我解释又有何用？

[基本生命观点]

这个世界太过于平庸，我生而不同，我要探寻我在这个世界真实而独特的意义。

[型号关键词]

独：独特、孤独、独自等。通常，4 号自我型的内心觉得自己与大部分人都不同，自己不属于这个人间，又活在这个人间，所以不管是外在的着装、口头表达的语言、肢体传递的信息，还是内在的奇怪念头、丰富的画面联想、随心表达的独白等都与其他人不一样，而且越是独特到独一无二就越好。每一份独特的内在，向外就演变成了要么是毫无遮拦的直率表达，要么是令人捉摸不透的表达，用他自己的理解就是，不做作、不扭曲、不迎合，因为这样才确实与众不同，活出真我。

他们还有与众不同的艺术敏感性，一方面表现为很容易被外界的奇特景物吸引，或者一段音乐、一幅墙画，甚至落霞或者晚风，都能投射进他们内心，引发他们内在无数感受与情绪的交融，往往他又容易沉浸在其中。另一方面表现为超强的艺术表现力，就好比凡·高画的向日葵，在常人看来也就是黄色、红色等各种颜色搭配在一起的画作而已，可是在画家笔下，那些花儿全是有生命的独特存在，每一片叶子、每一朵花都有着它与众不同的意义。

真实：这里的真实是指4号自我型对于自己内心的真实，对于内心情感的真实。在我课堂上的4号自我型最看不得"虚伪"的表现，对什么善意的谎言常嗤之以鼻，爱就是爱，不爱就是不爱，没那么多虚情假意的借口，所以不懂4号自我型的人，会觉得与他交往没有太多的人情味。他们甚至不那么在乎社交礼仪，导致人们往往觉得4号自我型不合群。对于懂得4号自我型的人而言，他干什么他们都不会干涉，因为他们知道4号自我型需要在自我的空间和情绪里待一会儿，好了自己就会出来。所以在自己感到安全的环境或者熟悉的朋友面前，4号自我型反而会表现出无拘无束的天真模样，就像个孩子一样。

感受：是人就有感受，只不过4号自我型的感受几乎成了生命的主旋律，往往容易放大，乃至有的时候感受代替了生命的决策，导致很多"为情而生"的案例发生。例如，一方面，4号自我型很渴望进入一段美妙的情感关系，很容易在心里放大对未来爱人无限美好的想象，然后在想象里面沉醉自我，甚至觉得对方太美，自己会配不上对方。注意这里的对方并不是真实的对象，更多的时候是4号自我型投射的美好感觉。另一方面，当4号自我型真的进入一段感情后，会在生活当中发现对方的瑕疵（比如鼻毛不剪、不爱洗脚等）远远不如美好的想象，他又极易因此而失望，会放大失望的感受（当然，已经做好心理准备的除外），觉得生活没有了激情，没有了意义。所以说，4号自我型会在感受里与他人、与自己来回拉扯，渴望融入又害怕全情投入，投入真情又容易缺憾，导致4号自我型像生活在感情的海洋当中一样，尽管大多时候人们并未看见，但他的心里早已暗流涌动。

意义：这里的意义更多表达的是象征或者品位，尤其是就商业领域而言。4号自我型要从事一项工作或者事业，首先考量的是"意义是什么"，这是驱动4号自我型愿意倾其一生去实现的梦想。如果这项工作和大部分人所从事的一样，就俗气了，呈现不出4号自我型独特品位的天赋。而意义又是一把双刃剑，当他觉得这件事情失去意义或者品位时，可能就撒手不干了，可以说"成也意义，败也意义"。

我有一位4号自我型学员，原先在老家做雕刻师，来到深圳以后有了很多的创作灵感，创作了很多有意义的雕刻玩偶。她说："即便雕刻被风掀起的裙摆，也要反反复复雕琢，要摸上去真的是被风掀起来的那种感觉。"后来她的作品被同行相中，要大批量采购，她竟一口回绝了，她说："每一件都是我手工雕刻的，你拿去用机器批量制作，玩偶就没有了灵魂，也没有了意义，生产一大堆出来又有什么意义呢？"

［适宜的工作环境］

可以开放创作、不被约束的平台，可以不用固定朝九晚五的工作，可以持续创作不用终止的行业，不用迁就或者迎合其他人的艺术领域。

［擅长的职业］

服装设计师、家装设计师、美容美发师、绘画培训师、声乐训练师、包装设计师、摄影师、雕刻师、摄像师、园艺师、咖啡师、品茶师、心理咨询师、导演、编剧、漫画创作者、短视频创作达人、钢琴家、哲学家、诗人等。

不建议从事的工作：营销或者流水线式的工作。

3. 微课实录：九型人格基础之4号自我型

4号自我型也被称为独特型，他内心的价值观是：在这个世界上，只有真实而独特地存在着，和别人不同，我才是真实的，我才是值得被爱的，关键字是"独"，我"独"故我在。那么，什么叫作真实呢？当我的穿着打扮、我的言行举止和你一样，和他一样，和大家都一样的时候，那么"我"就不是"我"，"我"是你，"我"是他，"我"是大家，"我"不是真实的"我"。所以4号自我型比较显著的行为特征，可以称为独特。

小的时候他不大合群，也不大主动参加集体活动，更多的时候，他愿意一个人待着。所以，他显得特别，而这种特别正是4号自我型内心的感觉，和人群中其他的特别又不一样，他很难说清楚，也很难道明白。

也就是说，当一个人表现出内在真实的时候，有个前提，即他对自己感性情绪的表达是真实的，所以他会衍生出两条不同的路径，一条路径就是忠于自己的感受和情绪，讲话非常直率，表达很直接，也被称为"不迎合、不扭曲、不做作"，是怎样的就怎样。

4号自我型真实表达自我的另外一条路径就是，他很容易被周边环境中独特的景致吸引，如夕阳西下，又如一首歌曲、一朵凋零的花，他都会为之动情，容易被吸引进去。同时他自己也特别容易创造独特的事物和独特的艺术品，因为每时每刻他都听从自己内心真实而与众不同的声音。

由此，大家都能猜想到4号自我型平时的着装、他的眼神、他的肢体语言都显得很有情调，或者很有艺术品位。在我的课堂上，有一位4号自我型在分享自己故事的时候谈到，他和妻子结婚十几年，每年结婚纪念日，他都会自己手工制作一些工艺品，或者把他们去过的地方拍成照片装进相框，或者手绘意大利风格的点灯罩，而且用的都是很寻常的环保材料，作出来别有一番美丽精致。又或者把自己的房间装修一番，然后装上各种气球和不同的灯泡，等到太太打开灯的一刹那，就好像把满天星光搬到了房间的天花板一样，再加上播放着的小夜曲，是让他特别享受的浪漫情调。当他说出来的时候，我们每个人都被他所描述的情景吸引，是情不自禁地被吸引，就好像身临其境一般。

4.职场案例：先要让他有感觉，才能工作好

有一位从事美容美发的理发师是 4 号自我型。他从事该行业多年，给不同客人做的头发，不管发型、颜色、边际线等都各有特点，在方圆数十里有口皆碑，很多客人都慕名而来。如果恰巧他正在为别人服务，大家也宁愿在门口等着。

可有趣的是，这位 4 号自我型理发师并不愿意服务每一位客人，他竟然会挑选客人，只有他觉得有感觉的客人，才给理发。正是他这种"怪脾气"，让这家美容美发店的老板又爱又恨，爱的是客人都冲着他的手艺来，恨的是他这么干，气跑了不少新客户。

这位老板找到我问怎么办，我让理发师来上课，并当面问他，为何这样对待客户？他回答说："是的，如果我对他没感觉，怎么能剪出有感觉的发型呢？"

回去之后，老板做了一个调整，专门给 4 号自我型理发师制作了他觉得有感觉的客人名录，并按照名录邀请客人来美发，就让他专门做熟客，避免了新客户因不了解情况而带来的不必要的误会。如此，各自相安。

二、销售中如何搞定客户——当客户是 4 号自我型时

我们已经基本了解了 4 号自我型的行为特征，那么在销售中，我们如何利用九型人格的常识来发现 4 号自我型客户，并成功向其推销产品，顺利完成销售呢？

1.如何发现 4 号自我型客户：与众不同，活在感觉

初次见面，我们可以从观察肢体语言的"三看"和倾听口头表达的"三听"两个方面来推测对方是不是 4 号自我型客户。

（1）三看：从肢体语言推测

首先，看形体。

4号自我型客户的身体形态跟内心状态紧密相关。通常4号自我型客户的内心情感极其丰富，对于外界有很多要求，如对于入口的食物很挑剔。或许有的4号自我型客户说我不挑食啊，可是，当他真的和其他人就餐的时候，问问其他人就知道，他这个不吃，那个忌口，还要食物满足内心的高品位和色香味俱全的要求。

通常情况下，我们所见到的4号自我型客户身材偏瘦的居多，像杨丽萍、王菲等，偶尔也有身材适中的，但几乎没有体态臃肿、胖胖的4号自我型客户，为什么呢？因为4号自我型客户常常跟自己待在一起，习惯于跟自己的内心对话，时间长了，跟外人接触少了，就容易陷入抑郁的状态，这就是中医所说的引发了气郁体质。4号自我型客户在身体内积蓄的情感越多，起伏越大，吃饭的胃口恐怕就越不大好，运动量也未必很大。相反，有句话叫作"跑步的人不会抑郁"，增加运动量，特别是群体运动，比如跑马拉松，对于减轻抑郁症状是大有好处的。

其次，看表情。

4号自我型客户的面部表情变化不大，而且忧郁居多，甚至有一个表情持续一整天的情况。不懂他的人会说，4号自我型客户很难接近、很孤傲；懂得4号自我型客户的人就知道，他还沉浸在内心的某种状态里面没出来。大家回忆一下《红楼梦》里面林黛玉在贾府时候的表情，大部分时候，她给人的感觉是不开心的，好像内心总有委屈。从面相就能看出她内心的缺失和不满足感，甚至当大家伙儿都兴高采烈的时候，她可能仍表现出扫兴的表情。因为在4号自我型客户的内心，他始终认为"玩笑都是肤浅的，只有悲伤才是真实而深刻的"。而这些外在看似不合群的行为和表情，不正是由内心"我是独特的"动力驱使的吗？

最后，看眼神。

4号自我型客户的眼神直接反映他内心的状态，要么是慵懒的低垂，要么是惊艳的一瞥，但通常看起来都有些游离，让人能感觉到其眼神深处的忧郁，就像亚里士多德所说的"忧郁的人是最富有才情的"。但是，一旦他跟你有了关系连接，那就绝不是肤浅的，而是极易在内心产生共鸣的，眼神波浪就像完全融化在你身体里面一样，你中有我，我中有你。

（2）三听：从口头语言考量

首先，听音量。

4号自我型客户说话的音量都不大（进行过专业声乐训练的除外），甚至很多时候还很低沉，好像自己在跟自己说话。音幅变化也不大。如果不在舞台、未被聚焦，大部分的时候，他整个人的状态看上去似乎有些游离，偶尔还会让你有种错觉，他好像自己在跟自己讲话。这就对了，他在追寻内心的真实。

其次，听口头禅。

4号自我型客户的口头禅重在表达内心的感受，所以以偏感性的词语居多，好比"我觉得""我的感觉是""给我的感觉不好"，这些词语都是内心真实的表达。你也会听到诸如"好像还没感觉""等吧"等类似词语，表明在等待一种或多种感觉，这恰恰证明他平时也是活在感觉里的。当然，更有可能是"算了""无所谓""就这样"等听起来很干脆的词汇，这说明他真的从内心放开了。不过，兴许他不久又会回头，因为他总是兴之所至，心之所安；尽其在我，顺其自然。

最后，听内容。

在一品九型工作坊的课堂现场，4号自我型基本都坐在后面或者是旁边的角落一个人待着，除非刚好有聊得来的对象。他与人聊天也是断断续续的，不会显得很热烈。

当4号自我型上台分享自己生命故事的时候，说的往往都是关于感觉的内容，很少有逻辑分析的部分，即便说理性的话题，也是使用感性的表达。同时，我们大家都会产生一种感觉，就好像听着他的声音，面前就徐徐铺展开一幅幅美丽的画卷，可能是风景、人物或者宠物等。我们光听故事都会被深深吸引，因为对于4号自我型而言，他讲的不仅是一个故事，他是完全沉浸在过去的某个时光、角色里，呈现出的是当时真实的自己，他不会为了给你留下美好的印象而遮遮掩掩。所以，通常我们见到的4号自我型，要么不说，要么说的话令人身临其境。

2. 与4号自我型客户相处的八字要诀：追随品位，以情动人

（1）用心准备

相比较其他类型的客户而言，4号自我型客户的爱好与需求往往比较独特，销售方可以准备一些通常市场上购买不到的或者属于收藏类的有意义礼物，甚至自己的手工艺作品都可以。

（2）打扮形象

相对而言，穿着普通的人，不会令4号自我型客户感兴趣。所以，拜访客户前，挑选一些有艺术造型或少数民族的服装或者"佛系"服装，手串腰带也要出彩，要能令客户眼前一亮，认同你是个有品位的人，从而愿意花时间与你深入交流。

（3）介绍方式

在这方面要充分考虑客户的观感，可以采取一些直观的方式介绍自己或你想让客户了解的情况，如通过制作PPT，让客户系统全面地了解自己、产品和服务。千万不可忽视这一点，因为对于4号自我型客户来说，直接有效的方式才是他们所钟爱的方式。

（4）感情融入

因为4号自我型客户大部分时间都不自觉地停留在自我感觉里，所以，在商务洽谈当中，销售方要把握好节奏和火候，不要以为对方不说话，就是对你有意见，他只是很可能还停留在某一段感觉里。销售方不要着急去打断，要学会适度留白，要学会察言观色，要学会共情共鸣。特别当4号自我型客户流露出真情实意的时候，要学会顺着话题聊下去，哪怕跑题了也完全不用担心。因为对于4号自我型客户而言，只要交了心，就没有什么不好交流的，建立良好的关系只是早晚的事。

（5）品味生活

对于4号自我型客户而言，他们自身并不愿意随波逐流，更不想和大家一样，他们所看重的不仅是产品本身，还有产品的创新、意义以及品位是否符合自己的口味。所以，要试着将自己的风格和客户的个人风格相结合，从而碰撞出火花，以达到相谈甚欢、相见恨晚的效果。

三、如何提升工作伙伴的管理成效——当伙伴是4号自我型时

让我们仔细回想一下，工作伙伴中哪几位是4号自我型，他们有什么样的特点？有什么值得你学习的方面？你该如何和他们进行沟通、相处以及如何支持他们，才能取得最好的管理成效呢？

1. 如何发现4号自我型伙伴：文艺气息，讲究意义

要在工作中发现4号自我型伙伴，可以多留意平时你们相处的细节，观察分析他的待人处事和思维习惯，从这两个方面来推测其是否为4号自我型。

（1）待人处事

对于4号自我型伙伴而言，工作更多的是寻找和体验某种感觉的场所。大多数情况下，4号自我型伙伴所从事的工作都与艺术有关，比如服装设计、美容美发、摄影摄像、咖啡师、茶艺师、花艺师、钢琴师等与感觉紧密相关的

岗位和职业。具体来说,当4号自我型伙伴对你有感觉或者对当下他所做的艺术工作有感觉的时候,他的状态是非常好的,可以说近乎完美,超出你的期待和想象。而且,令人惊讶的是,你能感觉到他并不是为了钱而工作,他所做的是追求一种感觉。

然而,感觉是一种很玄乎的东西,感觉来了与你有共鸣,感觉走了可能又对你无话可说,所以你不要指望他礼尚往来和客套寒暄。这些都不属于4号自我型伙伴表达的范畴,他往往只关注创作的作品本身。因此,明白这一点至关重要,这将让你对4号自我型伙伴的待人处事产生新的观念和认知。

（2）思维习惯

4号自我型伙伴的思维习惯是"我做这件事情的意义是什么"。当然,这里的意义并非完全指我们所说的国家、集体方面的意义,而是指个体在这件事情当中感受、体验、发挥出的关于超出事情本身的愉悦感受和联想,而这份意义,因个体不同而异。

而正因此,4号自我型伙伴对于自己专项内的工作相当有自信,很可能听不进别人的劝说,更别说主流文化意识,那些都不能够打动他的心。因此,他往往能够创造出与众不同的作品、卓尔不群的姿态、难以理解的状貌和惊世骇俗的感觉。如果把这些优势放到艺术创作领域里,比如装修设计、美容装饰、编曲创作、手绘艺术、美食私房菜、写真影楼、漫画创作、收藏艺术等领域,你会发现,他们很快就会拥有大量的拥趸,因为这些作品在普通的场合根本欣赏不到,而他们那一颗渴望圆满的"独特"的心,正是这些非主流文化创作的源头。

2. 向4号自我型伙伴学习什么:独特品位真情意

在公司里,4号自我型伙伴也许是一位很好的"知心人",当然是当他对你感觉好的时候。

具体来说，在工作中我们应该向 4 号自我型伙伴学习些什么呢？4 号自我型伙伴身上的个人魅力：独特品位真情意。

（1）意义导向，追求独特

公司发展的不同阶段，需要植入不同的公司元素。比如创业初期，以产品为导向，发展中期以品牌为导向，因此设计有独特意义的品牌 Logo 就成了公司发展的一个里程碑。我们往往需要为普通的产品赋予个性的意义，以满足对不同消费群体的需要，而 4 号自我型伙伴一生都在追求活着的意义，就如同公司品牌的意义，所以两者不谋而合。

（2）感觉优先，不走老路

对于第三产业——服务业而言，服务的对象是人，所以首先就要讲究感觉好不好，其次才是其他因素。所以当 4 号自我型伙伴自己感觉好的时候，也能够令客户体验到好的真实感受，也能满足客户追求新鲜感的心理诉求，如美容美发、家居装潢、服装设计等领域就是如此。

（3）真实表达，一以贯之

在我们通常的人情世故和客套往来中，4 号自我型伙伴可谓一股清流，他的表达真实而直率，心里有什么就说什么，不会见风使舵，不大会顾及世俗颜面以及外人如何看待他，因为这些都不符合他内在的价值观。他是那种相处越久越有好感，越能够走进他内心的人。

3. 如何支持 4 号自我型伙伴提升管理成效：一起共鸣感觉，提醒时间管理

我们在与 4 号自我型伙伴相处时，需要学习他感觉敏锐、意义深刻、创意独特的工作特性，同时也需要用不同的方法帮助他在管理工作中规避不足，发挥优势，提升管理效能，以下是经过实践验证可供参考的具体方法。

（1）共鸣感觉

4 号自我型伙伴的内心很容易被外界环境影响，尤其会被美丽的景色和

悦耳的音乐打动，而久久沉浸在某种感觉里面。如果我们想要走进他的内心，就要运用或者陪伴或者询问或者共同欣赏的方法，尝试着共鸣他的种种感觉。

（2）提示任务

一旦4号自我型伙伴沉浸于感觉状态中，就经常忘我，忘了场合和时间，不经意间就耽误了工作任务，如忘了转换工作节点，或者交接工作细节，或者推动工作流程。这个时候，就需身旁的人提示他具体的工作任务。

（3）团队活动

通常我们认为4号自我型伙伴我行我素习惯了，不喜欢和大家一起活动。可是，团队成员相处久了，必然就会有些人走得近，有些人就离得远。但有的时候离得远只是工作交往少或客观距离远，所以在团队活动的时候，别忘了叫上4号自我型伙伴，多征求他的意见和方案。通常，大家最后会发现，团队里面最会玩也最容易淋漓尽致玩耍的往往正是4号自我型伙伴，尤其是当他已经把团队当成一个要融入的整体的时候。

（4）允许空间

与其他人不同，经过一段繁忙的工作后，4号自我型伙伴可能忽然就不来工作了，也可能在一场热闹的宴会之后，他就不见了。这些就是4号自我型伙伴需要自己跟自己待在一起的时间和空间表现，我们需要理解并尊重他的这个特性。当然，这并非要求我们在管理上要网开一面，而是在设计工作制度、流程和绩效的时候，就要做好这方面的准备，以免后期被动。

（5）时间管理

对于他日常的工作，我们不需要过多地插手，可是对于紧急而且重要的工作，我们需要给4号自我型伙伴制定一份时间管理表格，明确时间节点和流程监控，最好再加以陪伴，以防他们忘记，确保在重大事件上的稳定一致性。

（6）爱屋及乌

我见过的4号自我型伙伴很多都有饲养小动物的爱好，猫、狗、龟都有，甚至还有些饲养非洲蜥蜴等外来物种。从专业角度去理解，可能他们的内在都有一份与自然界中动物相通的灵性，正是这份灵性令他们与众不同，所以如果有可能，请允许他们偶尔带宠物来工作，这或许能够提高他们的工作效率。

四、突破自身领导力瓶颈 —— 假如我是4号自我型

之前，我们学习了如何发现并成交4号自我型客户，如何发觉并支持4号自我型工作伙伴，现在来看一看自己，假如自己是4号自我型领导，那么我们该如何分析自己、活用并丰满自己的性格呢？如何突破以往的习惯思维和情绪，令自己的领导力能力更上一个台阶呢？

1. 你是4号自我型领导者吗？是不是总想着独特意义

要想进一步了解自己到底是不是4号自我型领导者，不妨从内心觉察，问自己以下三个问题。

（1）做一件事情的动力是源于这件事情可以赋予一个令你心动的意义，你可以通过工作或者创作表达这个意义？

（2）自己常常沉浸在某种自我感觉当中，这种感觉并非说得明白，而且你又说不清喜欢不喜欢，就是沉浸在里面又难以自拔？

（3）总是下意识地独辟蹊径或者不自觉地就想要跟别人不一样（注意这里不是比别人优秀，只是跟别人不一样），并不是为求得别人的关注，只是为跟别人不一样？

请根据自己内心的真实念头和常有的想法认真作答，如果以上三个向内心提问的回答都是"是的"，那么你很有可能是一位在工作中品位独特、追求与众不同的生命体验、擅长"创意管理"的领导者。

2. 4号自我型领导：真情实感的独特表达天赋

4号自我型领导天生具备超强的艺术敏感和创作力，善于将平常的工作赋予非常的意义，能够深入连接下属的心理，让员工感受到被懂得的"幸福"。

我合作过一位4号自我型领导，她曾经在一家台资企业做产品设计，生产小人偶泥塑。她说，经她设计的每一款小人偶泥塑都不一样，不管是姿势、表情还是动作，甚至连嘴巴开口的形状、被风掀起的裙摆、单足站立时跷起的脚趾，都形状各异、形神兼备。

她说，有的时候，为了捕捉风掀起裙摆的那一秒，她时常在黄昏的路口仔细观察经过的路人；为了触摸被风吹起裙摆的感觉，她走过不同的服装店，在风扇和空调出风口用手轻轻触摸不同面料的裙摆。这些经历看似无趣，她却乐此不疲，所以经她手设计出来的泥塑个个活灵活现，大批量地出口到东南亚国家。

后来，因为与公司其他人意见不合，她同几位欣赏她的合伙人一起创立了身心灵培训公司。该公司的远景、企业文化和Logo都是她一手设计的，整个公司的绿植排列、桌椅台凳也处处充满了"禅味"，令人仿佛置身于世外桃源。

她自己也讲心灵课程。据她的学员说，她讲课很专业，虽然听起来不是很有逻辑，但很容易让人听到心里去。而且她讲课常不收钱，只要其他平台有需要，她就常常飞过去，全然付出、不求回报地为他人传道授业解惑。因为在她看来，讲课就是在法布施，是在亲身践行法布施，这就为讲课赋予了更深厚的意义。

可是在公司管理方面，用员工的话来说就是：她是一位"知心大姐"，未必是优秀的公司管理者，对公司管理也缺乏建章立制和规范，她允许员工"做自己"，所以她很少要求员工去做这去做那，而是由着员工主动来工作。她希望员工去做一件事情时，不是为了做而做，而是明白为什么做，做的意义是什么，为什么要现在做。因此，她在公司管理方面显得很"佛系"。

这就是 4 号自我型领导的天赋：敏感的独辟蹊径能力。

3. 4 号自我型领导力提升宝典：学会系统管理的领导格局

通常来看，4 号自我型领导身上总是有股"艺术家"的特质，比如对人内心超强的敏感、不循常规的创意、活出"独一无二自我"的那份坦然。然而，每种性格都有它的劣势，如何平衡优势和劣势，让身为领导的 4 号自我型人士的成功之路走得更远，以下提升领导力的宝典可供参考。

（1）4 号自我型领导需避免的做法

在项目启动阶段，请先问清楚自己三个问题：一是问清楚做这个项目的目的是仅满足自己的感觉还是有利于整个团队的利益；二是别人能够通过项目获得什么，而这份获得是你自己认为的，还是当事人认为的；三是对于反对你这么干的人，保留一份心理连接，假设他这么做是为了你好，允许他讲，也允许他帮助自己。

当你回答完以上问题，确实还想去做，那么接下来，你需要在项目执行阶段去避免以下问题。

①感觉至上：我们常说，一件艺术品的成功是感觉对路，感觉作为产品设计是可以的，但是在公司决策上如果缺少足够分析，而更多地凭感觉、凭冲动、凭情绪，那么风险是极大的，所以需要在管理中反复提醒自己：决策不凭感觉。

②个人主义：其实每个人在公司管理当中都会有自己的主见，我们说管理的一项重要职能就是沟通和协调，可是这恰恰不是 4 号自我型领导擅长的部分。相反，4 号自我型领导的内心活动是"你懂我便懂了，不懂我解释又有何用"，所以 4 号自我型领导需要时刻提醒自己：我表达的意思，对方明白了没有。若觉得对方没明白，自己是去主动、认真问，还是听之任之，这都

考量了一个领导的大局观。

③边界缺失：相对于一般的领导者，4号自我型领导的内心活动更加丰富，未必会按照公司领导的职业素质来要求自己，对于时间管理、项目管理、绩效考核等需要分清轻重缓急和投入资源配比的重要工作，依然跟着感觉走，界限未必清晰，这让合伙人和手下人都很抓狂，尤其是面对紧急而重要事情的时候。

在项目结束阶段，如果事情办成，也要学会与别人一起享受成功的时光；假如事情未办成，则要学会研究事情失败的种种原因，而非拂袖而去，从而不再相见，毕竟江湖还远，未来未知。

（2）4号自我型领导力提升方法

①识人用人：学会识人、用人和授权。相比其他类型，4号自我型领导对于人的直觉把握很准，也很容易信赖跟自己同步的人，这里就需要做个提醒：作为公司领导寻找的工作搭档和作为个人喜好的知心朋友是有极大差别的。这里可以借助专业咨询顾问或者科学工具作为参考，同时将建章立制、规范管理、狠抓执行等工作授权给经测评后的职业经理人，这样可以弥补4号自我型领导在管理上的缺失。

②会议管理：学习组织常态化会议，学会在会议中抓管理的要诀，学会高效管理会议、私董会、合作对话会议的形式和方法，固化每周公司领导例会，听取公司每周经营管理动态（未必要表态，听取汇报是一门高超的艺术），强化公司每月、每季度经营分析会，学会用全局的思维、未来的眼光与系统的格局来看待和处理公司管理要务。

③保持运动：保持身体锻炼和心情开朗。根据自己的爱好，可以选择自己喜爱的运动，比如游泳、高尔夫、瑜伽等可以一个人独立进行的运动，也可以适当加入团体活动，像广场舞、健美操等。心理学研究表明，经常运动的人不容易抑郁。更为重要的是，公司领导人的身心状态是整个公司员工状

态的风向标，你想公司面貌怎样，你就得首先做到那个模样。

④办公系统：学会并掌握实用的办公系统，通过办公系统来管理公司，如收发文件、签发通知、建章立制等，既可以提高管理效率，又可以避免直接跟人打交道，时间方面更加自由。所以用高科技手段来管理公司吧。

关于 4 号自我型的教练问题

1. 4 号自我型特立独行，在公司里擅长设计、美工等工作，他的关键词包括（　　）

A. 奔放、热情、大方 　　　　　　B. 真实、感受、意义

2. 以下描述更有可能是 4 号自我型客户的是（　　）

A. 尖锐刻薄，凡事都要争第一 　　B. 看起来就与众不同，习惯活在感觉里

3. 与 4 号自我型客户相处的八字要诀是（　　）

A. 步步紧逼，高效达成 　　　　　B. 追随品位，以情动人

4. 下列描述哪种是 4 号自我型？（　　）

A. 听话照做，按部就班 　　　　　B. 浑身文艺气息，做事讲究意义

5. 向 4 号自我型学习（　　）

A. 逢人便笑乐天派 　　　　　　　B. 独特品位真情意

6. 如何支持 4 号自我型提升管理成效？（　　）

A. 有事说事，无事不登三宝殿 　　B. 引发共鸣，充分展现

7. 你觉得自己像 4 号自我型的原因是（　　）

A. 我感觉我和这个世户充满了欢乐 　B. 总被感觉牵着走，总想着特别的意义

8. 4 号自我型领导力提升的方向是（　　）

A. 坚持自己的主见，不人云亦云 　　B. 学会系统管理的领导格局

第六章

5号理智型

——我"知"故我在

一、人群中如何发现 5 号理智型：我"知"故我在

1. 型号概述：价值观、注意力焦点和名人故事

［价值观］

5 号理智型的价值观是：这个世界到处都存在着未知领域，人和人之间充满了侵入和打扰，而我只有退缩在一旁，冷静地观察和分析这个世界，并且研究出事物内在运行的规律和真相，才是安全的，所以"我要观察这个世界"。

［注意力焦点］

5 号理智型的注意力焦点总是不自觉地去观察，站在系统思考的高度，观察周围的环境，多方收集信息，分析事物之间内在的因果关系，预测事物未来发展的走向，只有当他全面了解事物的时候才会觉得安全，故称为我"知"故我在。

［名人故事］

著名的人民艺术家陈道明先生，在大众心目中是一位理智型的学者。他曾说道："我曾经在大西北一座古刹的门口看到一副对联：择高处立，就平处坐，向宽处行；存上等心，结中等缘，享下等福。"这副对联所描述的，就是 5 号理智型站在更高的高度看待人生苦难的眼光和与人交往时要清心寡欲并且心胸开阔的格局。

2. 型号描述：素描画像、基本生命观点、型号关键词、适宜的工作环境和擅长的职业

［素描画像］

5 号理智型的素描画像——我"知"故我在：讲信息，讲分析，讲规律；善于通过对事物各个方面的观察，结合事物的过去和事物的现在进行分析推理，探索事物内在的运行规律和真相，预测事物的未来走向，属于洞察规律

的"科学家"。

我"知"故我在

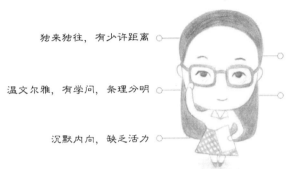

独来独往，有少许距离

温文尔雅，有学问，条理分明

沉默内向，缺乏活力

渴望知识，不主动关注人际往来

只有学习知识才能有安全感

在一品九型工作坊的课堂现场，5号理智型往往都坐在后排，这是什么原因呢？因为后排的位置更适合观察，这个课程是讲什么主题的？框架和内容是什么？这个老师是如何表达的？是否符合逻辑推理？这里来的是一些什么样的人？他们分别有哪些特征？这个教室的环境又是怎样的？他们总是习惯性地观察，下意识地分析，全盘性考量，总是想"知道"更多。

来到课堂当中的5号理智型大都身怀"绝技"，有的是牙医，有的是按摩师，有的是道家传人，有的是摄影名家，甚至还有的是乌龟养殖专家！可是，"绝技"的说法是我们其他型号的表达，用5号理智型自己的话来说却是："我只是爱好研究这个方面。"在这里，需要做一个区分，有的人研究事物是为了出名，有的人是本身工作的要求，有的人是为了防范危险，有的人则是为了打发时间，但是5号理智型的研究就是研究事物本身，他热衷于研究事物内在的真相，无关名利，只是爱好。

就好比提问为什么来到一品九型工作坊的课堂现场，用一位5号理智型的话来回答，他在课堂里面能够看到不同类型人物的表现，更能看到不同外在状貌但同一型号的人内在惊人一致的发心动念，用他的原话来讲，就是：

"在一品九型课堂里，找到了人性情感的辞典，不同的型号就是不同的索引，解决人类情感的方式就可以按照索引去寻找答案。"

[基本生命观点]

这个世界无限广阔，所以需要专心探索，冷静地观察和分析这个世界，以确保安全。

[型号关键词]

知：知道、知晓、全知等。5号理智型天生对这个客观世界充满了好奇，所以他习惯性地站在观察者的角度去看待这个世界，就好比天空为什么会下雨？杯子为什么能盛水？人为什么到了时间点就想睡觉？为什么有些花儿在冬季开放？为什么有些果实长在土里？

而探索事物为什么发生的过程，就是他生来的意义，只有解决了问题，或者看清了事物的真相，或者探索出了事物内在运行的规律，他才会对这个领域的小小部分"全知"了，他内在价值观探寻规律的需求才能得到满足。

观察：这里的观察既指观察者的角度，也指观察者的心态，更指的是观察者的思考。一般情况下，5号理智型在人群当中，既不想当领导者，也少做执行者，甚至看起来不合群。他总是保留着一份空间，与人保持一定距离，从有利于观察的角度去分析、探索着这个世界。

其实不仅是对外界，5号理智型对自己的内心情感世界也保持着一个观察者的姿态。我曾经请教过一位5号理智型，问他：你会不会生气？你是如何意识到自己生气了？他回答道："当我生气的时候，我能够看到从我的胸口冲出一匹狼，然后，我再把它牵回来。"

理性：我们通常说一个人很理性，是指这个人不容易被情绪干扰，思考问题很有条理，说话也有条理，办事公正不徇私。我想，这些都是5号理智型的天赋，而为什么会这样呢？这个与5号理智型的内在价值观有必然联系。比方说，一位观察者在预测拔河比赛两边队伍谁胜谁输的时候，他亲弟弟在其中一支队伍里，假如因为情感原因，导致他分析的时候出现情感认同或者紧张、焦虑等不良情绪，这些感性的部分必将影响他；站在主观角度看问题，那么结果势必会有所不同，这就不符合5号理智型善于从事物发展的角度客观思考的价值观。

当然，人的注意力总会聚焦到自己感兴趣的部分，而我们能注意到的方面也是有限的，5号理智型对于生活琐事、家长里短、嘘寒问暖、人情世故等就不那么注意甚至容易忽略，毕竟人的精力是有限的。

系统：这里的系统包括时间和空间两个维度。从时间而言，5号理智型注重时间计划，哪个时间段做什么，不做什么，都提前安排好。假如中间有变化或者被其他事务突如其来地打断工作进程，这个系统就被破坏了，这会令他很不自在。从空间而言，他注重空间管理，即我们俗称的分区管理，就好比聚会这项活动，小学是小学同学，中学是中学同学，大学是大学同学，他都分区交往，不会将他们混合在一起，因为这样不利于分区系统管理。我甚至见过5号理智型在手机通讯录和微信昵称上进行的分群管理，令人叹为观止。因为对他而言，每一个符号或者标签就是这一类人的概括，打乱了标签的排序，将不利于他对他人的观察、分析和对待。

因此，从某种意义上而言，5号理智型能由简单的现象引发系统的思考，从而掌握运行的规律，驾繁驭简。而过上极简生活的这类人，能吸引他们的，不是生活当中的柴米油盐酱醋茶，而是广袤的宇宙。宏观的政治、经济等哲学现象或者微观世界的花鸟虫鱼、林木湖泊等自然现象。也就是说，他们把节省下来的时间和精力，都用来探索这个复杂世界的神奇和奥秘。

[适宜的工作环境]

可以自由支配自己的时间和空间，可以不用整天和人打交道，最好有独立的工作空间；有大量的书籍、资料可供阅读；从事科学研究，系统开发、维护，规划设计，金融法律，政治经济运营分析等工作。

[擅长的职业]

证券分析员、战略规划师、科研所科研员、企划员、律师、法官、仲裁员、调解员、金融分析师、公司战略分析师、股市操盘手、动植物研究者、统计报表员、天文爱好者、系统架构师、农林牧渔业研究者、系统开发人员、自由职业者、程序员、书法培训师、地质从业者等。

不建议从事的工作：销售、客户服务等。

3. 微课实录：九型人格基础之 5 号理智型

5 号理智型也被称为观察者，他内心的价值观是：这个世界充满了太多的侵入性，必须退缩到一旁观察，全知这个世界，以确保安全。关键字是"知"，我"知"故我在。那么，一个想要全知这个世界的人，大家猜一下他更多的是喜欢参与集体活动还是退缩到一旁观察大家呢？

显然是后者。然而同样是没有参与集体活动，同样是独处，有的人会说，那 4 号自我型也这样啊。但 4 号自我型只是跟自己的感觉和情绪待在一起。而 5 号理智型呢？他没有参加拔河，他在观察不同队伍之间人员分配是怎样的。他们握着这个绳子的手势和位置是怎样的？他们前后搭配的人员次序是怎样的？他们整体人员的状态是怎样的？还有他们拔河时候呼喊的节奏、发出的力道是否统一？他很喜欢去分析这些方方面面，并预测哪队会赢。所以5 号理智型在行为特征上面，除了爱观察、爱分析之外，还有一个很大的特点就是善于系统化的思考。

何为系统化的思考呢？比如说今年三月在南方很多地方都下了雪。有的人就冲到外面去拍雪景、自拍，然而 5 号理智型呢，他可能脑海中的第一个想法是：在同样的区域，同样的经度、纬度，其他地方有没有下雪？往年这个时候这里有没有下雪？历史记载中，在这个月度、在这个季节这里什么时候下过雪？那么那个时候下的雪是雪粒、雪花还是冰晶，跟这次下的雪是不是一样的？由此他会得出一些规律，这个雪是怎么下下来的，是偶然现象还是必然规律，然后会预测下一次下雪大概是什么时候。他很喜欢沉浸于这些思考和分析当中。

正是因为5号理智型基于方方面面的思考，所以他善于站在更高一级想问题。这让他在面临问题或者重大决策的时候，可以比普通人拥有更多的视角、更深的思考和更广的触角，而这些信息又往往促使他成为系统思考和谋略的高手。诸葛亮带领士兵行军打仗时，善于预测天机，为士兵提供锦囊妙计，甚至有了"万事俱备，只欠东风"这样的谋略佳话。这都是5号理智型习惯系统思考和善于预测的体现。

4. 职场案例：运筹帷幄于千里之外

我有一位5号理智型学员，她拥有一家市场调研咨询公司。公司经营多年来，她坚持的管理理念是：调研数据一定要真实、全面、客观地反映企业经营的实际，而非取悦行业、上级和监管部门。所以在同行业中，她的公司为客户提供的咨询服务是最专业和最深入的。但是，她的爱人希望公司能够扩大规模，进一步把市场做大，所以带着这个"问题"，她和爱人来到了我的课堂中。

在课程中，她了解到自己的爱人是3号成就型，内心渴望有所成就并且被更多人看见，所以她的爱人想着扩大公司规模，同时也成就和影响更多的人。

在课堂上，他们俩相互看见彼此内心的价值观和渴望。回到公司之后，他们俩重新调整了分工：5号理智型太太负责公司的战略规划和方向，3号成就型先生负责公司的运营管理和各地分公司的开设。太太重点在想，在策划和布局，先生重点在做，在协调和落实。两人相互配合，把各自身上对于公司管理的优势发挥到最大！三年之后，他们开办了三家分公司，总公司由原来高新区的租赁办公场所搬到了城市 CBD 的中央公寓，营业总额也翻了三倍。

二、销售中如何搞定客户——当客户是 5 号理智型时

我们已经基本了解了 5 号理智型的行为特征，那么在销售中，我们如何用九型人格的常识来发现 5 号理智型客户，同时成功向其推销产品，顺利地完成销售呢？

1. 如何发现 5 号理智型客户：不善热情，爱好研究

初次见面，我们可从观察肢体语言的"三看"和倾听口头表达的"三听"两个方面来推测对方是否可能是 5 号理智型客户。

（1）三看：从肢体语言推测

首先，看形体。

5 号理智型客户的身体形态居中或者偏胖者居多，也有偏瘦的。从 5 号理智型客户的生活方式来看，他们一般不是久坐少运动，就是常常伏案看书或者写作，或者独坐思考，想得多，做得少，尤其中年过后，常有用脑过度、失眠症状发生，多以散步、游泳、太极、高尔夫等休闲型运动为主。因为看书多的缘故，他们基本上都是戴眼镜的知识分子。

5 号理智型客户当中也有偏瘦体形的，这跟他们对于物质生活不是很在意、饮食不够均衡，或者不注意饮食起居，长期饮食单一，可能缺乏营养有关。当然，研究营养学或者身体经络学说的 5 号理智型客户除外，因为这些是他们的研究方向。

另外，因为注重于观察和研究，5号理智型客户本身不会穿着光鲜，引人注目（职业要求或者名人效应除外），因为这样不利于冷静地观察世界。相反，5号理智型客户的衣着以棉麻舒适为主，生活要求相对简单，大多数都有自己单独的工作室或者书房。对他们而言，这是存储能量和释放思考空间的地方。

其次，看表情。

5号理智型客户的面部表情相对来说比较平稳，给人感觉性情温和。多数情况下，他要么在神情专注地思考，要么会给出礼节性的微笑，但不会是热情的或者夸张的笑容和表情，因为这样会瞬间拉近你们彼此之间的距离。5号理智型客户与人不同的是，他内心是希望人和人之间保持安全距离的，这样才有利于他的整体观察和系统思考。人类释放的表情就是一种信号，这种信号会令对方去揣测是否有更亲近一步的可能，而保留距离感，恰恰是他希望带给对方的感觉。

最后，看眼神。

5号理智型客户的眼神就像是深邃大脑向外的延伸，透过眼神，你仿佛能看到他强大而丰富的大脑构造。而他也正是用一双具备透视功能的"望远镜"般的眼睛，深深地打量着你和世界，眼神中的意味好像想探究而永远不知足。不过放心，这眼神当中没有敌对和侵略感，是因为他看人的时候好像隔着距离在遥望着你，即便两人坐得很近，你依然能感觉到他眼神的遥远。

（2）三听：从口头语言考量

首先，听音量。

5号理智型客户讲话的音量一般不高，音幅变化不大。更多的时候，他是在表达或者传递他的观察、他的发现和他的分析。他只是爱好研究，并非想求得别人的认同，所以他讲话的时候，并非抑扬顿挫地在求认同，而更像是在自说自话，尤其是当谈到他感兴趣的领域或话题的时候。有的时候即使你心不在焉，可他依旧会兴致勃勃地谈他的发现和研究，甚至有些词语需要你用心地、仔细地听。

其次，听口头禅。

由于5号理智型客户的注意力通常在观察和分析事物上，所以他的口头禅往往与"发现""观察""分析"等词有关；而他指的对象并不只是一个结果，更多的是相关联的研究，所以还与"设计""逻辑""规律""系统""架构"等词有关；还有对于宏观世界、自然天体、政治经济的研究，所以又有"考量""思辨""哲学""意义""范围"等口头禅。

最后，听内容。

在一品九型工作坊的课堂现场，5号理智型谈话的内容多是关于自己研究的领域。注意，在这个领域他并不是最有声望的，但是，他对于自己的研究是有自信的，就像我常说的"5号理智型爱看书，但是不信书"。他会观察、收集和分析大量资料，来探究事物发展的原理，从而形成自己独特的研究成果，所以这类型的人当中往往容易产出科学家。

我有一位从事推拿按摩的5号理智型学员。他儿时师从拳师，少时取法太极，青年时自学经络和推拿按摩，在一个偏远的"桃花源"居所，租了两层楼，一层住宿，一层做推拿和按摩。每次跟他谈话，内容不外乎他对于经络走向、推拿手法和按摩技巧的新见解与新发现，如从哪个时辰、哪条经络、哪个方向的走向，用哪根手指什么力度进行推拿；观察客户的气色、形体和呼吸，结合不同时辰，做不同部位的推拿研究等。当然，我也被他推拿按摩过，他的手指一碰我，我的睡意就上来了，足足睡了一个小时。事后，他说这是他研究和掌握了某个穴位而实现的功能，我的亲身检验，证明他已经形成了一套独特的推拿技法。

2. 与5号理智型客户相处的八字要诀：系统思考，理性表达

（1）出发准备

首先，根据客户的喜好，提前学习一些文学常识，这样有利于沟通时激发双方的共鸣。如果有条件的话，带上一本书作为见面礼。其次，提前了解一些地域文化，以免交谈时冷场。5号理智型客户多为知识渊博型人群，所以我们要在工作之余多多陶冶自己的情操，提升自己的文学素养，以便能和客户处在同一精神层次；最后，与5号理智型客户微信沟通时，尽量用简洁文字表达，少发语音信息，因为语音里常包含人们太多情绪，不利于理性吸收对方观点。

（2）保留空间

与5号理智型客户交流的时候，既要保留一定的交流空间，令对方感到舒适，也要记得保留一定的精神空间，交流的语速不能过快，不用着急回应，更不要急于下结论，谈话速度上注重慢条斯理，谈话内容上要记得留白；更为重要的是，要保留议事空间，不要强行要求自己一次谈话就成了，要告诉自己，谈得越多，开放的信息就越多，彼此信任就更多，业务项目的合作就是水到渠成的事情了。

（3）多多请教

可以多请教5号理智型客户擅长领域的问题，也可以结合时事政治热点，请教对方的看法，多发问、多请教，不用说太多，更不能说一些绝对化的话语和确定性的结论，让客户分析、解说得越多越好。在合适的时机，引出话题，请教他对于整个项目系统立项、运行和意义的看法。

（4）忌讳人情

跟5号理智型客户沟通、交流的时候，忌讳刻意拉近人情关系，这将不利于双方的客观思考，也会导致客户的回避。尤其不要轻易跟客户"称兄道弟"，因为这样会让客户质疑交流的出发点。如果有可能，尽量多提好奇问题，听客户的分析，让客户得出结论，忌讳自己轻易下结论，尤其当缺乏足够论据支撑的时候，因为这样的结论，是经不起推敲的。当然，这并非意味着不带独立思考的完全附和，相反，如果缺乏观点和思辨，你是很难吸引5号理智型客户继续同你交流的。

三、如何提升工作伙伴的管理成效——当伙伴是5号理智型时

让我们仔细回想一下，工作伙伴中哪几位是5号理智型？他们有什么样的特点？有什么值得你学习的？你应该如何和他们进行沟通、相处以及如何支持他们，才能取得最好的管理成效呢？

1. 如何发现5号理智型伙伴：习惯观察，关系被动

要在工作中发现5号理智型伙伴，可以多留意平时你们相处的细节，观察分析他的待人处事和思维习惯来推测其是否为5号理智型伙伴。

（1）待人处事

在待人这方面，5号理智型伙伴，有可能并不擅长，甚至往往连礼尚往来、迎来送往等基本的人情世故都被忽略掉，因为他无时无刻不在关注着自己的领域，即便参加活动和应酬，也大多是被动和应付的。如果纯粹只是为了聚会而聚会，或者只是去吃饭，对于5号理智型伙伴而言是很难受的，除非聚会的时候，有值得一起探讨的有意义的话题，尤其是在5号理智型伙伴感兴趣范围内的话题，他是愿意同大家分享自己观点的。

在处事方面，他更崇尚简单的工作方式，一方面不擅于参与非正式的组织和活动，另一方面希望工作有明确的流程、方式和方法，有一个相对成熟的工作系统，这样他才可以心无旁骛地进行爱好的研究。

（2）思维习惯

5号理智型伙伴的思维习惯是："我做这件事情背后的系统是为了什

么？"当然，这里的为什么不是指金钱方面，而是指做这件事情的缘由、背景和系统，因为他考虑问题的起点不是一个点、一个面，而是一个大的系统。只有从系统的整体出发考量，解决问题才有更多、更全面的信息和思路。

而在职场工作时，5号理智型伙伴的思考一方面会带来更多的解决思路，另一方面也可能导致未能及时回应的状况，或许因为他还在思考，或许因为他在等待回应的时机，又或许他在等别人主动，因为他认为自己也是系统中的一员，个体的效率并没有那么高。

2. 向5号理智型伙伴学习什么：足智多谋看长远

在公司管理中，5号理智型伙伴可能是一个冷静思考的"科研者"。

具体来说，在工作中我们应该向5号理智型伙伴学习什么呢？5号理智型伙伴身上的个人魅力：足智多谋看长远。

（1）独立见解，长足分析

在工作中，他不会人云亦云，总有自己的独立见解。但是他并非一定要和别人争辩输赢，相反，他不争智慧，不辩输赢，心静如水。倘若你愿意真诚请教，你就会发现他对问题已经深思熟虑。

（2）全局立场，系统眼界

5号理智型伙伴考虑问题的出发点往往是系统性、全局性的，他很少以自己的得失来提出或解决问题，也很少以他人的立场和观点来维护他人，他习惯客观而全面地思考，因此他总是站在更高角度看待问题。

（3）冷静思考，理智决策

在公司管理活动中，难免会有人情往来和关系纠葛，很多人难以分清和决断，常常被情绪带偏立场，被感情冲昏头脑。而5号理智型伙伴相比其他人的优势正是他不会被别人情感左右，不会被自己情绪干扰，能在隔离情感的状态下，作出更加符合大局的理智决策。

3. 如何支持 5 号理智型伙伴提升管理成效：推动工作效率，聚焦成果交付

我们在与 5 号理智型伙伴相处时，需要学习他客观全面的大局意识和冷静理智的深度思考，同时也需要用不同的方法支持他在管理工作中规避不足、发挥优势，提升管理效能。以下是经过实践验证可供参考的具体方法。

（1）落实行动

相比较而言，5 号理智型伙伴总是想得多做得少，好比一天想了 20 件事情，但只做了 5 件事情，这里面就存在一个臆想空间。5 号理智型伙伴在想象当中构建了思想空间，认为想完了就是做完了。这就需要旁边的伙伴为他去落实想法，在行动当中验证其想法的准确性和落地的现实性。

（2）聚焦成果

由于 5 号理智型伙伴观察和思考需要大量的时间与精力，容易错失焦点，一方面他不是很擅长处理具体烦琐的小事，另一方面又希望交付系统的成果，所以往往会耽误具体而重点的工作，这就需要其他伙伴督促、聚焦工作结果本身，尽快交付成果。

（3）经营关系

通常 5 号理智型伙伴不会刻意去经营人情关系，可是众所周知，"关系也是生产力"，所以我们需要在与人有关的重大项目中提高人际敏感度，帮助 5 号理智型伙伴更全面地看清局势，做好包括人情往来的关系经营活动。

（4）社团活动

5 号理智型一般不大热衷于参加各种社团活动，因为这样会消耗大量的时间和精力。但不可否认的是，有一些社团活动的组织过程或内容是值得学习借鉴的，有一些人脉资源也是值得认识交往的，我们可以选择性地邀请他参加一些社团活动，这有利于工作局面的打开。

（5）效率管理

相比其他工作伙伴，我们需要给 5 号理智型的效率管理加上发条，处处督促，时时提醒。当然，这里并非说他很健忘，只是他可能还在思考或者在等待，等待更妥当的方案或者决定，我们要提醒他别因为思考过度而影响决定和管理效率。

四、突破自身领导力瓶颈—— 假如我是 5 号理智型

之前，我们学习了如何发现并成交 5 号理智型客户，如何发觉并支持 5 号理智型工作伙伴，现在来看一看自己，假如自己是 5 号理智型领导，那么我们该如何分析、活用并丰富自己的性格呢？如何突破以往的习惯思维和情绪，令自己的领导力能力更上一个台阶呢？

1. 你是 5 号理智型领导者吗？是不是总想着逻辑规律

要想进一步了解自己到底是不是 5 号理智型领导，不妨从内心觉察，问自己三个问题。

（1）做一件事情的动力是想探索它内在的运行规律和真相，总觉得了解得还不够全面？

（2）在人多的场合中，特别不愿意成为人群的中心，总想着有个可以观察全局的位置，去观察和分析更多的现象？

（3）当别人开始对自己谈感情的时候，总下意识地进行判断和分析，而不是首先和对方共情？

请根据自己内心的真实念头和常有的想法认真作答，如果三个向内心提问的回答都是"是的"，那么，你很有可能是一位在工作中能立观全局、冷静思考，在专业领域深入研究的擅长"系统管理"的领导者。

2. 5 号理智型领导：理智长远的筹划设计天赋

5 号理智型领导，善于透过复杂的现象分析事物内在的真相，善于洞

悉行业发展形势，善于做好公司长远的企业文化、组织战略和产品运营的规划。

作为5号理智型领导，他们未必能走在市场一线，然而他们通过对于数据报表、时政新闻、行业状况的分析，既可以在办公室遥控指挥下属工作，又可以通过数据分析筹划公司未来的发展方向和轨迹。阅历丰富的5号理智型领导，真的应验了那句古话——"运筹帷幄千里之外"。

在一品九型工作坊课堂现场，有一位5号理智型说九型课堂让她"圆融"，这个圆融既指人对各种关系都要看到和照顾到，也指对人的探索永无止境，如同一个不断扩大的圆。很多都是她从未涉猎的领域，她表示很感兴趣。

在课后一年多的时间里，她组织了两次九型内训和咨询，同时，将九型运用到公司招聘、用人管理、团队建设和绩效考核中，这已经成为她管理公司的制胜法宝。

她的公司原先是一个市场调研公司，是给很多机构、公司提供一手市场调研数据报告的咨询公司。在学习九型人格之前，她会让应聘者进行MBTI职业性向测试来考察其职业取向度，用她自己的话来说，得心应手，但是九型的运用让她觉得更有深度和精准性。

她曾经有一位在行政综合岗位的3号成就型下属徐女士，因为综合事务并不会很快获得成就感，所以这位下属提过离职。公司领导通过九型人格对岗位进行分析考量，决定启动分公司经理竞聘机制，这位3号成就型下属果真竞聘到了下属分公司见习经理岗，一年后因工作表现优异升为副经理，两年后因业绩突出被提拔为下属分公司经理。现在5年过去了，她不仅在该下属分公司干得风生水起，而且，过上了幸福的小康生活。

至今，这位下属都十分感谢公司提供的竞聘机会，并且也一直将九型人格运用在公司管理的方方面面。而她的领导，我们上文提到的5号理智型领导，已经将九型人格在公司运用得炉火纯青。5 年过去，她公司的规模扩大了 5 倍，营业场所搬到了新城区地铁口 600 平方米的自有物业，而作为领导者的她，依然习惯性地在办公室里 "运筹帷幄"。

这就是 5 号理智型领导的天赋：长远的战略规划能力。

3. 5 号理智型领导力提升宝典：落实效率管理的领导节奏

5 号理智型领导有很多担任领导者的潜质，比如不被干扰的客观冷静、不拘小节的长远思考等，然而每种性格都有它不足的一面，如何平衡优点和不足，让身为领导的该型号人士的成功之路走得更远，我有一套领导力提升宝典。

（1）5 号理智型领导需避免的做法

当你想启动一个商业项目的时候，不妨先问清楚自己几个问题：一是这个项目是个人研究项目还是商业运营项目？如果是商业运营项目，那它的市场空间有多大，是否符合当下的市场形势？二是这个项目的主导是谁？有没有能够把你的想法落实变现的人？有没有能够保证你充足实现营利前的资本储备和供给？三是启动商业项目，必然和人打交道，你是否准备好了直面人际的矛盾和冲突？在领导团队当中有否在这方面得心应手的人和具有丰富领导、管理经验和人生阅历的合伙人？

当你回答完以上问题，还想去做，那么，接下来，你需要在项目执行阶段避免以下几方面问题的发生。

①一意孤念：留意你的念头，别让它只变成你的想法，要把想法变成做法。这需要团队去执行和落地，可是，如果缺乏对团队的主动沟通，你就容易陷入想法里面，以想法解决想法，在头脑里构建臆想世界，从而与商业项目脱离甚远。

②迂回冲突：这里并不是说 5 号理智型领导不敢面对冲突，只是他觉得冲突不是解决问题的最恰当做法，所以在团队成员意见相左和在事情走向相

127

反方向的时候，他未必会直面矛盾，而是采取迂回策略。可是这样一来，问题得不到解决，反而可能会积累更多的团队管理和人际关系问题。

③回应空间：5 号理智型领导擅长运筹帷幄，遇到问题往往习惯于先退后一步，从更大的空间和系统去寻找解决方案，这对于公司战略管理而言，是极好的。可是，倘若在中层管理落实和基层事务执行层面，也要留出回应的时间和空间，那就容易影响公司管理的效率了。

④追求意义：这个是区别 5 号理智型领导从事个体爱好研究还是团队商业项目的分水岭。在实际操作中，我们经常会遇到项目研究方向和商业价值方向不同的决策，出于探索事物内在规律的驱动，5 号理智型领导往往倾向于追求其深刻意义。这个时候，需要综合听取团队成员的心声和谨慎考察商业价值的变现等因素，毕竟，科研项目是由经费支撑的，商业项目是要产生长久利润的。

在项目结束阶段，如果事情如你所愿，进一步验证了你的远见卓识，记住别骄傲，可能还有你未能考虑到的方面；倘若结果事与愿违，别退缩，这将是巨大而难得的精神财富，吸取经验和教训，形成你的商业智慧，以备不时之需。

（2）5 号理智型领导力提升方法

①团体运动：至少保持一项团体性运动，譬如足球、篮球、排球、门球等，一来平衡大脑和身体之间的能量流动；二来在团队活动当中，你既能做好执行落地，又能积极与人配合，提高团队整体作战的统合能力。

②拜访客户：每天至少有两个小时走出办公室，去了解市场，去观察同行，去拜访客户，在真实的市场和客户信息面前，做好战略的实施和战术的调整，确保分析与决策不脱离实际。

③时间管理：把时间管理放在办公桌的固定角落，每天打钩完成的事项，必须完成紧急而重要的工作，保持完成重要但不紧急的工作，授权完成紧急

但不重要的工作，然后，按部就班地完成剩下的日常工作。

④监督核实：别认为合作的伙伴能够自动自发完成你的设想，人的想法千差万别，即便写清楚了工作流程，也还需要每进行一步就进行核查。尤其是初创型公司，步步为营，环环相扣；别忽略下属汇报的小事，关注群体汇报的急事，学会分级管理，逐级反馈管理环节，让公司走上正规化管理的轨道。

关于5号理智型的教练问题

1. 5号理智型冷静客观，在公司里擅长规划、统筹等工作，他的关键词包括（ ）

A. 爱表现、喜欢被关注　　　B. 观察、理性、系统

2. 以下描述更有可能是5号理智型客户的是（ ）

A. 不同于常人，情绪波动大　B. 与人交往并不热情，爱好分析和研究

3. 与5号理智型客户相处的八字要诀是（ ）

A. 人情托扶，请求帮忙　　　B. 系统思考，理性表达

4. 下列哪种是5号理智型？（ ）

A. 喜欢管闲事　　　　　　　B. 习惯观察人和事物，在人际关系中不大主动

5. 向5号理智型学习（ ）

A. 达成目标，行动高效　　　B. 足智多谋看长远

6. 如何支持5号理智型提升管理成效？（ ）

A. 隔绝干扰，潜心研究学术　B. 推动工作效率，聚焦成果交付

7. 你觉得自己像5号理智型的原因是（ ）

A. 经常笑呵呵的，没心没肺　B. 总想着分析研究事物，探究其内在的运行规律

8. 5号理智型领导力的提升方向是（ ）

A. 做个人见人爱的老好人　　B. 落实效率管理的领导节奏

第七章

6 号忠诚型

——我"忠"故我在

一、人群中如何发现 6 号忠诚型：我"忠"故我在

1. 型号概述：价值观、注意力焦点和名人故事

［价值观］

6 号忠诚型的价值观是：这个世界充满着危险性和不确定性，人和人之间是很难互相信任的，只有小心谨慎、谨小慎微，大家才会相信我是一个"忠诚"的人，所以"我要忠诚可靠，对组织负责，对他人负责"。

［注意力焦点］

6 号忠诚型的注意力焦点总是不自觉地关注周围环境是否安全，或者常把注意力焦点放到未来不确定的事物和因素上，认为自己只有做到更加周全、更加可靠、更加可信，才会被他人信任，故称为我"忠"故我在。

［名人故事］

华为创始人任正非先生推崇的至理名言是"惶者生存"，也就是谨小慎微、小心翼翼地生活做事，总是为应对未来种种的不确定而提前做好各种准备。在华为海外业务超过国内业务的 2000 年，他发布了《华为的冬天》一文，希望全体员工保持艰苦奋斗的工作作风，戒骄戒躁，继续努力。更是提前十多年，投入数十亿资金自主研发"鸿蒙"系统，以防未来受制于他国。所有这些，都是我"忠"故我在的具体表现。

2. 型号描述：素描画像、基本生命观点、型号关键词、适宜的工作环境和擅长的职业

［素描画像］

6 号忠诚型的素描画像——我"忠"故我在：讲信用，靠谱，做事周全；对于当下的不确定性有着全面的分析，对于未来的风险性也有足够的准备；内心希望成为组织和他人心目中"言行一致"的人，属于在工作中严谨求真的"风险预控员"。

在我们的九型人格课堂里面，6 号忠诚型来上课的动机与 3 号成就型的动机正好相反。6 号忠诚型来上课，并不是为了证明自己有多优秀，或者是战胜他人，相反，6 号忠诚型来上课的动力来自求证这门学问的科学性，或者只是居安思危。

因此，6 号忠诚型在课堂当中的表现通常有以下几种：要么坐在其他学员中间，用质疑的眼神看着你，别人笑或者闹，他都不动声色，有时冷静得让人感到害怕，但他偶尔提问几句又特别有深度，这时你才发觉原来他不是不感兴趣，而是在用大脑思考；要么对你开口说的每句话都字斟句酌，或者直接指出你言行不一的地方，以此来衡量你的可信度有多少。

在九型人格课上，在大脑中求证的被称为正六，在行动中直接表达质疑的被称为反六，前者默默观察，后者主动出击，虽然两种人格正反不一，但有一点是共通的，那就是对于不确定的人、不确定的环境和不确定的事都会出于忠诚而求证。

当然，正是由于周遭环境充满不确定性，那些一听到老师讲到 6 号忠诚型就跳出来说自己百分之百是这种类型的人，往往不是，因为 6 号忠诚型不会仅凭一两点就确信自己是几号人格，相反，更多的是，即便学习很多次 6

号忠诚型，再来到课堂的时候，他依然会说："听了这么多，我还不确定自己是几号。"这就对了，这种"不确定性"的表达，恰恰就是内在的负责任，以致外在还在质疑"求证"，以确保真实可信的靠谱表达。

[基本生命观点]

这个世界充满了危险，我必须谨小慎微，防患于未然，才能确保安全。

[型号关键词]

忠：忠诚、忠实、忠厚等。6号忠诚型的大脑里像是安装了一台扫描仪，随时随地都在扫描周遭的事物，并在大脑中预先制定几套应对危险的方案，以确保自身的安全。那么，什么是危险？是能看见的，还是看不见的？是能听见的，还是听不见的？有没有预测危险即将到来的能力？能预测到的是真正的危险，还是假想出来的危险？这种扫描习惯在6号忠诚型的身上叫作投射。

投射：投射是心理学中的一个术语，这里是指一个人的内心想法，会投射到外界事物上。比如，来到一个陌生的场合，6号忠诚型首先关注的可能是会场的安全消防通道和出口，以及出口处是否堆满了杂物，以此来推测这个会场是否安全。他还会关注窗外的天空是否乌云密布，一会儿是否会下雨，主办方有没有准备好雨伞，这么多人怎样能够安全地抵达用餐地点。当然，他也会关注人，尤其是关注权威人物的表达方式，是否真诚可信、言行一致，如果言行不一致，他就会有所质疑，担心万一自己跟错了队伍、做错了事谁来负责。

那么，到底6号忠诚型所担忧的这些事情会不会发生呢？答案是未必。可为什么6号忠诚型就要这么想呢？这就是他内心不确定性向外界的投射，也正是有了这种对不确定性的猜测和担忧，他才需要强迫自己提前做好各种应对准备，比如确认安全通道的位置、准备一把雨伞、做好会场记录等，以此来确保自己在人群中和组织内是"忠诚可靠"的存在。

安全：6号忠诚型的求全心理，一方面会令他做事情谨小慎微，不乱来，不惹事，给人一种稳定可靠的感觉；另一方面也会令他瞻前顾后，犹豫不决，让人感觉不够果断和主动，不能担当重任。因此，在一个团队里面，常见的是，6号忠诚型是一位好参谋，不愿抛头露面，即便当了领导，行事依然谨慎。

不确定：很多刚接触6号忠诚型的人会有些疑惑，人们问他事情时，他通常都不会给出明确的答案，回答问题总是"兜圈子"，让人们觉得此人城府太深，太会提防他人，以至于与他产生距离感。但是，如果你懂得他，就会知道他的不确定正是一种确定的负责任的表达。好比你邀请他晚上一起吃饭，他可能会说到时候再说，因为他担心万一下班临时有工作走不开，答应了别人又不能去，岂不失信于人，所以不确定性的表达正是负责任的表现。

负向：一般来说，不确定性的表达有可能会产生更好的结果，也有可能会产生不好的结果。例如，下个周末公司要在人民广场做一场新产品路演，你猜，6号忠诚型会怎么想？他首先会想到吵吵闹闹的场景，还是会先担忧天气、交通等意外状况呢？显然，答案是后者。因为前者不需要令人担忧，而后者就需要人们提前做好准备。比如提前规划备选场地、备用设备、备选路线等，只有做好了应对各种意外的准备工作，确保活动能顺利进行，他那颗悬着的心才能放下来，这才符合我"忠"故我在的真谛。

［适宜的工作环境］

有成熟系统组织的公司或者单位，有运行多年稳定的运营体系，有共同的企业文化价值观引领，有公信力的权威，有一帮团结一致的伙伴和同心协力的工作氛围。

［擅长的职业］

律师、警察、会计师、教师、秘书、法官、公务员、仲裁员、人力资源师、工程师、侦查员、程序设计员、金融分析师、管理咨询师、商务策划师、安全管理员、机动车驾驶教练、城市规划师、飞行员、高空作业员、战略分析师、机要员、新闻记者、安检员、动植物检验检疫员、珠宝鉴定师、机车维修师、设备鉴定员、维护师等。

不建议从事的工作：营业员、客服人员等。

3. 微课实录：九型人格基础之 6 号忠诚型

6 号忠诚型的价值观是：这个世界充满了太多的危险和不确定性，我必须小心翼翼，防患于未然，才能确保安全，所以我的人生关键字是"忠"，我"忠"故我在。

我们看到很多 6 号忠诚型，在接收外来信息的时候，更多地会采取一种考证、质疑，甚至说怀疑的态度。为什么会这样呢？因为只有考虑各种负面不确定的信息，并且做好周全的准备之后，获得的结果才有可能是可靠的。

比如说，我们下周日要在广场举行一个电脑的路演活动，那么 6 号忠诚型的脑海中首先可能会出现这样的设想：下周日会下雨吗？路上会堵车吗？到时候我们准备的所有资料，还有所有的物料能够提前到达吗？等等。不懂得 6 号忠诚型的，会觉得他有些杞人忧天，或者说，思虑过度。然而，如果你懂 6 号忠诚型的话，就能明白他正是为了把一件事情做得完整，或者可靠，才会有更多的考量，所以 6 号忠诚型的这个求证部分，关于安全的考量和善于求证与质疑，都让 6 号忠诚型在组织当中显得更加周全。

何谓周全呢？就是一方面在头脑中不断地预想各种不确定的情况以及危险的状况，然后做好各种准备；另一方面，不把"一定、保证、没问题"等绝对性的字眼挂在嘴上。相反，如果听到别人说出"这件事情包在我身上一定没问题"或者"绝对没问题"的时候，他脑海中的第一反应是："这么说就一定有问题，这个世界上没有没问题的问题。"由此，我们会发现 6 号忠诚型的注意力焦点更容易放到那些不确定性的部分，或者说有危险的部分。当我们把一件事情或者把一个结果定性为绝对的、确定的、毫无疑问的，这往往也意味着不确定性和危险的发生。

看到这里，有些朋友不禁要问，那么怎样跟6号忠诚型相处呢？这里我来说一个亲身经历。2013年，我参加九型世界大会的时候，主办方安排我跟一个6号忠诚型住在一起，主办方已经提前将我的信息告知了同住的6号忠诚型，可当我来到客房的时候，这位朋友依然问我：你来自哪里？你的工作是什么？当我说我是节目策划人的时候，他又追问：那你的节目在哪个电视台播出？什么时候播出？有没有重播？虽然我表面上很有礼貌地一一回答，可是内心生出了一种不自在，就好像被不断地拷问一样。你们知道，对于一般人而言，这种提问给人的感觉就是那么的不自在，像是他在怀疑你说的话不真实。然而戏剧性的一幕却发生在第二天的中午，当我午睡醒来的时候，他对我说：刚才我看了你的节目，为社会排忧解难，为家庭答疑解惑，做得不错！这个时候我才明白，从昨晚到现在他都在求证，求证我说过的话，这个时候我心头的一块石头也才落地。然后，我们聊了很多共同的话题，而且在这之后他也推荐了好多学员加入我们的九型工作坊，他也成了我们大家的好朋友。

4. 职场案例：真诚地对待，终将换来更有前途的未来

有一年，公司选拔中层干部，要进行全员公开竞聘。其中，一位参加竞聘的3号成就型对另一位与其关系很好的6号忠诚型提出一同去竞聘的邀请，哪知6号忠诚型的回复却是："公司头一回组织这样的活动，不清楚接下来怎么操作，有太多不确定的因素，况且枪打出头鸟，我还是再等等吧。"听完后，你猜猜3号成就型当时的心理落差有多大。

不过，结局确实如6号忠诚型猜测的，因为很多流程不熟悉，3号成就型

在第二关就败下阵来，用 3 号成就型自己的话来说，就是"很没面子"。

只是，经过这一次的失败，3 号成就型从此对 6 号忠诚型的提醒变得重视起来，并认真对待，出乎意料地收获了 6 号忠诚型的友谊。尤其有好几次，他差点儿因为匆忙决策而耽误了大事，还好听从了 6 号忠诚型的建议，后来因为办事稳重可靠，他赢得了上司的信任，被赋予更多的权责利。在两年后的竞聘中，他终于如愿以偿。而这位 6 号忠诚型，则被选为他部门的副职，协助他开展工作。两人在同一部门，继续并肩作战。

因此，我们给咨询者与 6 号忠诚型相处的建议是：不要在 6 号忠诚型面前粉饰自己，或者夸大自己的能耐，因为他会求证你到底能力几何；相反，你可以向他袒露一些真实，包括自己做得不对的地方，特别是让他知道你失败的过去，当你的真诚被一一展现的时候，6 号忠诚型力挽狂澜的本领终将助你登上一个新台阶。

二、销售中如何搞定客户——当客户是 6 号忠诚型时

我们已经基本了解了 6 号忠诚型的行为特征，那么在销售中，我们如何用九型人格的常识来发现 6 号忠诚型客户，同时成功向其推销产品，顺利地完成销售呢？

1. 如何发现 6 号忠诚型客户：神态警觉，不说大话

初次见面，我们可以从观察肢体语言的"三看"和倾听口头表达的"三听"两个方面来推测对方是不是 6 号忠诚型客户。

（1）三看：从肢体语言推测

首先，看体形。

6 号忠诚型客户的身体形态一般比较适中，也有偏瘦的，大多数都锻炼

身体，也常有从事搏击和警察等职业的。相对而言，在人群中的6号忠诚型客户都比较警觉，所以身体形态也呈现出以下几方面的特点：有的习惯性侧身，以随时应对可能出现的突发状况。有的习惯性耸肩，耸肩的身体语言也是其内心活动的外化，表示不认可但是没有说出来。有的整个肩膀和背部都很硬，不松软，为什么不松软呢？因为身体绷紧的状态是他对周围环境警觉的表达，如果你让他肩膀放松下来，他反而会问为什么，反而绷得更紧。

我们有一个小小的实验，但凡对方是6号忠诚型客户，只要你站到他后面用手轻轻一搭肩膀，你立刻就能感觉到对方的肩膀绷紧，身体绷直。因为身体告诉他，"危险"来了，要做好随时战斗的准备。

其次，看表情。

通常，6号忠诚型客户的表情相对严肃，在他面前，你能感觉到距离感和防范意识，即便你没有恶意。当然，他也并非不苟言笑，他也会与熟人说笑，只是他笑的时候你能感觉到他并不是那么发自内心，好像总是有所保留。我从来没有见到过酣畅淋漓大笑的6号忠诚型客户，因为"大笑"意味着暴露内心，意味着放下戒备，而他在任何场合下都留一手，那就是时刻准备着，防止出现什么意外状况。

最后，看眼神。

从人与人的交往来看，6号忠诚型客户最擅长的就是从别人蛛丝马迹的言行中，窥探出对方内心的企图，所以别试图在6号忠诚型客户面前撒谎，因为你的身体语言不会撒谎。你要知道，6号忠诚型客户在你不注意的时候，会上下左右地打量你，而在面对面的时候，他的眼神可能又在试图分析你说的话里有几分真、几分假，你甚至能感觉到他的眼神是疑惑的和"不信任"的，尤其当你嘴里说出一些绝对性话语的时候，因为他认为这个世上就没有绝对性的东西。

（2）三听：从口头语言考量

首先，听音量。

6 号忠诚型客户说话的音量一般偏低，不是很响亮（演员的职业化要求除外，这里指的是正常生活中的语言），音幅上下起伏的空间不大，讲话的腔调一般会拿捏一下。如果是初次见面，其实你听不到他太多的表达，他更多的是在听你怎么讲。即便他开口说话，听起来也不是很响亮，甚至理解起来有些吃力，有些话需要复述一遍才能听明白。而且他讲话也不流畅，往往想一点儿就说一点儿，或者说着说着就中断了。通常情况下，你会比他更心急，有的时候，他就是故意要营造出让你着急的氛围，试探你的反应，观察你的可信度。

其次，听口头禅。

如果是初次见面，6 号忠诚型客户讲话未必会多，也就是你听到口头禅的机会可能会很少，你需要更多地观察他的反应：当你做自我介绍，把自己说得很好的时候，你就会发现他略微皱起的眉头；当你把自己的公司和推销的产品说得很好的时候，注意，这里并不是指夸张宣传，只是表达完整的时候，你能听到他喉咙深处"嗯"的声音，这里面带着些疑惑或者不确定性，他在想"未必如你说得这么好，你这样的公司我见多了"；当你回答他的提问用绝对化表达的时候，比如"是的""必须""没问题""包在我身上"等，你甚至能观察到他的头稍微向后仰，或者同时伴随着摇头的动作，嘴巴里还用"哦""嗯"这样的字眼来表达怀疑和不确定，因为他不确定你说的是否就是你能做到的。

最后，听内容。

一般而言，6 号忠诚型客户想得多，说得少，他的脑海中担忧居多，又担心说出来会引发更多的担忧，所以他说的话，你很难听到更多有价值的信息，甚至能感觉到他说话时的那种欲言又止，让你总感觉他话还没说完，或者话里有话，没有表达出更深层次的意思。

如果你向他推销产品，那么他的提问有可能会很多，会一再确认，"是这样吗？""有什么机制能够保证你说的能实现？""有什么能够证明？""有什么机构能够出具相应的报告？""保证是口头承诺还是有机制保障的？"等诸如此类需要将各种"万一"的不确定转换成确定的提问。

2. 与6号忠诚型客户相处的八字要诀：防患未然，可靠实施

（1）人不单往

因为6号忠诚型客户对于外来陌生人的拜访保持着天然警惕，他并不愿意接触外人，更谈不上交流产品和业务了。所以，拜访此类客户，最好让三类人员陪同前往，首选战友，其次校友，最后老乡或邻居。当然，这些人也需要是他熟悉并且信任的人。让他们陪同前往，既降低了客户部分防备心，又可以更自然地打开话匣子，融洽交谈。

（2）防患未然

6号忠诚型客户的思维模式是：万一发生最坏的情况怎么办？我们就需要将他的担忧前置，将他的疑惑明确！如何能做到呢？入职员工职业性向测评 MBTI 可以根据员工的内外倾向和思维情感模式对应安排不同的工作岗位；九型人格性格优势测评则可以有针对性地将不同高指标员工的数据分门别类，并做好对应的预警方案（例如：对4指标高的员工防止抑郁，对6指标高的员工防止焦虑，对8指标高的员工防止冲动）；管理风格测评模型可以将不同管理者的管理风格进行归类和补缺，以匹配相应的黄金搭配团队。

（3）不说绝对

当回答6号忠诚型客户问题的时候，切记不要立马拍着胸脯回答说绝对没问题，往往说这句话本身就有问题，而且立马拍胸脯做保证也意味没有经过深思熟虑，考虑难免失妥。当然，这里并非要回避问题，而是要把肯定表

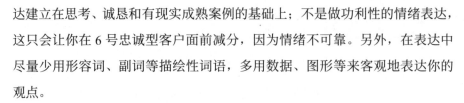

达建立在思考、诚恳和有现实成熟案例的基础上；不是做功利性的情绪表达，这只会让你在 6 号忠诚型客户面前减分，因为情绪不可靠。另外，在表达中尽量少用形容词、副词等描绘性词语，多用数据、图形等来客观地表达你的观点。

（4）学会倾听

当你面对 6 号忠诚型客户的时候，不要指望他会直接说出什么 "一定" "必须" 等确定性话语，相反，通常他要么低声回答 "嗯" 来应付，要么有一句没一句地持续性提问。比如他说 "看看吧" "还行吧" "再想想" 的时候，未必就是拒绝，而是通过提问，观察你的反应，看你是否沉得住气，是否对自己的产品有信心，这是在试探你的底气。所以，不要从表面上去理解客户表达的意思，而要多问问自己 "客户为什么会有这样的反应"，要始终让头脑运行来指导言行表达。

（5）备选方案

有个现象值得关注，那就是当 6 号忠诚型客户的疑问越来越多的时候，不要放弃，因为在很多情况下，这是客户感兴趣的表现，你更要抓住机会精心回答。但是，也不能一根筋，有什么说什么，要学会举一反三：从一个问题引发出多种回答方案，做好多种准备。因为更大的可能是，客户在考量你对于各种意外情况的准备，假如出现最糟糕的情况，你准备如何应对？你准备的预案是在头脑里还是已经落实在行动上？只要你的回答证明你确实是做好了准备的，客户就会觉得你是真正换位思考，用脑在准备，用心在做事。

三、如何提升工作伙伴的管理成效—— 当伙伴是 6 号忠诚型时

让我们仔细回想一下，工作伙伴中哪几位是 6 号忠诚型，他们有什么样的特点？有什么值得你学习的方面？你应该如何与他们沟通、相处以及如何

支持他们，才能取得更好的管理成效呢？

1. 如何发现 6 号忠诚型伙伴：习惯求证，考虑周全

要在工作中发现 6 号忠诚型伙伴，可以多留意平时你们相处的细节，观察分析他的待人处事和思维习惯来推测其是否为该型号的伙伴。

（1）待人处事

我们知道，6 号忠诚型伙伴相信一个人需要经过时间的验证，所以他们属于那种"大浪淘沙始见金"的朋友。只要你们之间相处融洽，尤其当你通过了他对你长期以来是否"言行一致"的验证，你在他的心目中就有了一定的可信度，他就会成为你身边忠诚的伙伴和受人喜欢的朋友。

同时，相处时间越长，他就越会站在你的立场和角度来考虑问题，有时甚至不顾情面地提醒，所以才有了"6 号忠诚型伙伴越是爱你，越是对你泼冷水"的说法。

在处事方面，6 号忠诚型伙伴的严谨和忠诚得到了很好的发挥，基本上你很难从他们口中听到绝对化和情绪化的表达，他们考虑问题周全而缜密，处事有规矩，讲话有分寸，责任不外推，功劳不揽己，是值得托付的好搭档。

（2）思维习惯

6 号忠诚型伙伴的思维习惯是："做这件事情，还有什么不确定因素没有考虑到？"这里，不确定因素更多的是指负面的可能，换句话来说，就是容易萌生更多的担忧，而担忧也是为了作出更多、更妥善的准备，以确保各种意外的情况都能有应对方案，这样预期的结果才能实现。

有一位 3 号成就型领导分享了这么一件事，她有一位 6 号忠诚型下属，考虑问题总是很负面，沟通表达也总是绕圈式不讲重点。对此，她一直很头疼，直到学习了九型人格后，才发觉他们彼此沟通的模式呈现三角形，即她讲话是直接讲重点，而这位下属是绕圈子。

有一次，这位下属向她汇报工作，拿出一大摞的工作总结以及计划书，说："邓总，这是下个月的工作计划，这是本季度的三项重点工作，这是本月的督查清单表，这是上周总部调研情况的总结报告……"说了一大堆，10分钟过去了。老板因为有事要走，便打断说："嗯，知道了，还有什么事吗？"这位下属才开口说道："下周我能不能请两天假，回趟老家看看老母亲。""可以啊。"老板头也不回地回答。

经过九型人格学习后，她明白了6号忠诚型绕圈子的表达方式。当这位6号忠诚型副总又一次拿着一摞材料，来到她的办公室请示工作，刚开口说"这是下个月的工作计划"时，"停。"这位老板打断说，"直接说最后一句！""我能不能请一天假，办理小孩的入学手续。""可以！"就这样一句话节约了往常要十多分钟的沟通时间。

这位老板后来来复训的时候说："我知道6号忠诚型伙伴一定会先把工作安排妥当，才会提出请假的需求，所以我就直接答应了，节约大家的时间。"

这就是6号忠诚型伙伴的思维模式："万一……怎么办？"所以他总会防患于未然。

2. 向6号忠诚型伙伴学习什么：未雨绸缪，顾全大局

6号忠诚型伙伴不是那种自来熟的人，所以在公司管理中，你们相处的时间越长，才越能够发现他的"好"，进而发现他是一位未雨绸缪的"好帮手"。

具体来说，在工作中，我们应该向6号忠诚型学习什么呢？6号忠诚型伙伴身上的个人魅力：未雨绸缪，顾全大局。

（1）万一优先，态度谨慎

考虑问题周全，总是提出更多不确定的可能，提前做好多手准备。即便问题出现了，也有预案应对；即使再简单的工作，也是小心谨慎、认真细致，事无巨细，确保基础管理工作扎实牢靠。

（2）居功至伟，不事张扬

对待本职工作尽心尽责；不干扰他人，不多事，不指挥别人，不强权；善于从大局考虑问题，习惯在背后支持伙伴，管理工作到位不越位。

（3）人事分开，公平公正

在工作中，将人和事分开，区别对待人情和事情，不混淆、不徇私；考虑问题未雨绸缪，决策事项顾全大局，管理工作遵章守矩；善于发现细节中的问题，举一反三，是天生的管理好手。

3. 如何支持6号忠诚型伙伴提升管理成效：提示行动结果，学好公众表达

我们在与6号忠诚型伙伴相处时，需要学习他言行一致、防患未然和稳重可靠的工作特性，同时也需要通过不同的方法来支持他在管理工作中规避不足、发挥优势，提升管理效能。以下是经过实践验证可供参考的具体方法。

（1）耐心倾听

6号忠诚型伙伴考虑的问题未必都会发生，但是当他找你倾诉的时候，你可要拿出耐心，别认为他杞人忧天，回避甚至躲开他，因为你的倾听对他而言，更多的是一种信任，在工作中，这种相互信任的力量是非常强大的。

（2）验证正面

在相处中，你要试着对6号忠诚型伙伴的负面想象进行验证，看看到时候，到底是坏的结果发生了，还是顺其自然发生了好的结果，这个验证的过程，也是6号忠诚型伙伴成长的过程，当被预测的正面情况越来越多地发生，他掌控未来局势的能力也就越来越强。

（3）公众表达

大部分6号忠诚型伙伴不大善于在公众场合表达，因为他的内在判官在

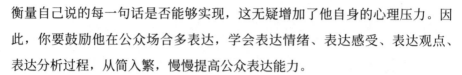

衡量自己说的每一句话是否能够实现，这无疑增加了他自身的心理压力。因此，你要鼓励他在公众场合多表达，学会表达情绪、表达感受、表达观点、表达分析过程，从简入繁，慢慢提高公众表达能力。

（4）大众运动

可能的情况下，多陪同6号忠诚型伙伴在八小时之外参加大众运动：游泳有助于放松身心，爬山有助于锻炼心志，篮球有助于团队协作，羽毛球有助于提高反应能力……这些运动都有助于提高他的肺活量和心理抗压能力，为其面对更大的困难奠定心理和身体基础。

（5）聚焦结果

6号忠诚型伙伴对未来不确定性的考量，基本上很少表达明确的结论或者承诺。然而，工作实践常常需要及时作出决策，甚至刻不容缓，所以给6号忠诚型伙伴布置的工作最好是有既定流程或成熟规范的，让他的决策有机制保障。你也需要随时督促他聚焦结果，这将节约更多的精力，留给未来更多的管理时间。

四、突破自身领导力瓶颈 —— 假如我是 6 号忠诚型

之前，我们学习了如何发现并成交 6 号忠诚型客户，如何发觉并支持 6 号忠诚型伙伴，现在来看一看自己，假如自己是 6 号忠诚型领导，那么我们该如何分析、活用并丰满自己的性格呢？如何突破以往的习惯思维和情绪，令自己的领导力能力更上一个台阶呢？

1. 你是 6 号忠诚型领导者吗？是不是总担忧"万一"

要想进一步了解自己到底是不是 6 号忠诚型领导，不妨向内心觉察，问自己三个问题。

（1）面对一个新的问题总是预先想到多种不利甚至最坏的结果，总以为

这些会发生？

（2）当他人说出确定性表达时，下意识的反应是"万一做不成怎么办"？

（3）当好的结果出现了，第一时间不是庆贺，而是担忧，"好不容易可以放下了，但是我总觉得，我们还需要做些什么？"

请根据自己内心的真实念头和常有的想法认真作答，如果三个回答都是"是的"，那么你很有可能是一位在工作中稳重老成、在新的领域特别有防范意识的"风险管理"领导者。

2.6号忠诚型领导的天赋及优势：把握不确定环境的稳定性

6号忠诚型领导对于组织环境的内外部变化极其敏锐，总是提前做好各种防范来应对一些可能发生的变化。与激进型领导不同，他们追求内在的稳定一致性，以更好地应对变革、创新和时代转型。

我有一位6号忠诚型邻居，为人忠厚老实，做事有板有眼，生活上也细致有加。举个例子，我们所在的社区每一单元四楼都有一个大露台，邻居们有时会在这里晾晒衣物。其他人用的都是挂式晾衣架，但6号忠诚型邻居组装了一个稳固的立体晾衣架，这样不仅晾晒的衣物多，而且，即使有大风刮来，也不用担心衣物会被吹落。这样便可确保不确定环境下的稳定性。

有一次，我在四楼电梯口遇到这位邻居，闲聊中来到露台边缘，他下意识地用手拽了我一把，当时我还没反应过来，他指了指上面，我这才明白，原来我们正站在屋檐下，万一楼上有东西掉落就不安全了。随后，我俩来到露台中央，这个位置可以保障安全。你看，我沉浸在交谈之中，完全没有意识到外界环境的变化，而6号忠诚型邻居则不同，不管何时何地面对何人，他总能下意识地规避风险。

非常凑巧的是，这位邻居的座驾跟我一位6号忠诚型合伙人的一样。众所周知，这款汽车在全球都是以安全环保性能而著称的，这点恰恰是 6 号忠诚型内心追求可靠稳定的体现：可能驾乘人员的身体素质不同，但是，车内座椅、内饰等材料都是环保的，可以很好地保障每一个人的健康；可能车辆行驶中的区域、气候、空气质量不同，但是，汽车品质可以保障车内空间的动态稳定；可能车辆行驶中的路基、路况和车况不同，但是，车辆的主被动安全系统和车身刚性安全架构是稳定的，几十年如一日，保障驾乘人员的人身安全。

在企业经营管理中，6 号忠诚型领导的风格更趋向于四平八稳，不激进、不挑头、不张扬，当然，也并非意味着落后于人，而是稳中有进，一步一个脚印，步步为营。我曾在一位 6 号忠诚型领导手下做事。他平时给人的感觉就是温和儒雅，待人客气，乐于沟通，而且，我留意到，每次在作出一项决策前，他总是先召开一个小型会议，通知当事人和关系人，然后形成决议，再面向全体下发通告并执行。或许，有人会问，领导不都是这样的吗？不是的，我的这位领导，只要在会议中的任何一个环节，没有看到大家形成一致的决议，他就不会贸然进行下一步。而通常大家接触的领导，往往都是打着商量的名义来通知你，他则不同。我专门留意了他的这种处事方式，这位领导的做法促使公司中层干部形成了一种共识：如果有新的决议要产生，最好彼此都能够先达成一致，再提交至领导，否则，很可能因为当中的某个环节没考虑周全，或者哪位人员没考虑到而导致决议被耽搁。

这位领导求真务实的工作风格，令公司上下既重视业务发展，更重视技术研发和员工的身心状态，在他看来，这才是公司发展的内在动力。所以，在 6 号忠诚型领导的倡导下，公司派专职人员建立了公司内部网站，并创办了期刊《品》，以便高层领导能随时听到一线的反馈、建议和投诉，保障公司的文件政策既能上通下达，更能贴合一线的操作实际。他还进一步任命专人负责重新装修员工食堂，招投标食材供应商和运营商，引进小吃竞争机制，保障公司员工吃得新鲜、吃得饱、吃得好。不仅如此，公司还新装员工卫生间、淋浴房、书吧和休闲室。特别值得一提的是，公司还选拔内部员工组建医务室，满足员工基本的用药需求，全方位保障公司员工的身心健康。所以，不管外在的环境和业务领域如何变化，这种管理机制下沉的"稳定性"领导机制都能确保公司员工在身心健康良好的前提下能够打好仗、打硬仗！

这就是 6 号忠诚型领导的天赋优势：把握不确定环境的稳定性。

3. 忠诚型领导力提升宝典：敢于统领全局的领导气势

我们知道，6 号忠诚型领导天赋中，对于不安全因素的预防、对于团队成员的关注、对于公司战略方向的把控等都有利于他管理公司，同时，如何平衡性格中的过当与不足，让 6 号忠诚型领导的管理更懂人心、明事理、抓目标，我有以下领导力提升宝典。

（1）6号忠诚型领导需避免的做法

当你面对一个项目是否启动犹豫不决的时候，先问清楚自己几个问题：一是问清楚自己头脑中假想的担忧是不是事实的担忧，可以拿笔写下来一项项对照，再让你的合伙人共同参考；二是问清楚你思考问题的起点到底是"我不想做"还是"我要做好"，你的思考是寻找更多逃避的合理化理由还是真的为解决问题而思考；三是想清楚你能否相信你的合伙人和你所从事的行业，是相信自己的分析判断还是会兼听则明，从其他渠道多方面地了解信息？

当你回答完以上问题，还是决定开启一项事业或者一个项目，那接下来你需要在项目执行阶段去避免以下问题。

①绝对控制：这里的控制并非只是管理行为层面的，更多的是公司的战略方向、管理格局、管理幅度和企业文化等，换句话来说，这些方面需要放

权或者授权其他人，只有发挥共同智慧，才能更有利于公司的发展。

②固守成规：如果你所从事的行业是日新月异的高科技互联网行业，那么你就需要更多地听取年轻人的声音，融入年轻人的生活，借鉴年轻人的思维方式，而不是固守传统的经验或者教条去面对新的发展形势。

③提醒过度：请留意自己的表达内容，如果在一件事情上反复絮叨，懂你的人自然明白你的好意提醒，可是不懂你的人就会觉得你这么担忧，就是不放心他的能力，这也许会让伙伴工作起来瞻前顾后或者缩手缩脚。

④回避关注：通常6号忠诚型领导不爱抛头露面，不好意思直接拿结果说话，也不爱在业绩飘红的时候鼓舞士气，相反，总是忧心忡忡。这样非常不利于公司的发展，所以需要面对众人的关注，锻炼直面结果的勇气和分享观点的魄力。

在项目结束阶段，如果成功，留意自己的"恐惧"心理，不要马上放下，而应分享；假如失败了，也不必过多地责怪自己，尽人事，听天命，主动积累经验，做好更充分的准备，以备后需。毕竟大树不是一天长成的，多经历风雨会越加茁壮。

（2）6号忠诚型领导力提升方法

①公众演讲：锻炼公众表达能力，学会将头脑中有价值的思考通过语言传递给公司的伙伴，学会一对多的公众演讲，学会组织高效的私董会议，要在会议中赋予大家解决问题的能力，提高自己领导全局的水平。

②企业为家：把客户当员工，把员工当家人，不断与客户和员工建立更亲密的连接；主动放下防御，假设立场思考，营造积极氛围，把企业当家，让客户和员工都能感觉到被信任、被呵护，修炼企业家的风度。

③户外活动：多组织户外运动和活动，放松身心，与客户建立工作之外的情谊交流。在交流活动中，谈天、聊新闻，学会捕捉商机和嫁接资源，为公司营造更好的营商环境。

④战略思考：别用战术的勤奋忽略战略的重心。在公司运营中，难免会遇到不平事和失信人，如果暂时改变不了现状，就要学会站在高处想问题；别在事情的是非对错中纠缠，要学着将有限的大脑资源留给对公司发展战略的思考，更多地思考公司的战略发展方向和布局。

关于6号忠诚型的教练问题

1.6号忠诚型谨慎周全，在公司里擅长安防、综合等工作，他的关键词包括（　）

A.主动、进攻、表现　　　　　　　B.投射、安全、不确定、负向

2.以下描述更有可能是6号忠诚型客户的是（　）

A.以自我为中心，凸显优越感　　　B.神态保持警觉，不说空话大话

3.与6号忠诚型客户相处的八字要诀是（　）

A.直击要害，强买强卖　　　　　　B.防患未然，可靠实施

4.下列哪种是6号忠诚型？（　）

A.总是附和你的主意，听你的　　　B.遇事情习惯求证，考虑问题周全

5.向6号忠诚型学习（　）

A.特立独行我独优　　　　　　　　B.未雨绸缪顾全大局

6.如何支持6号忠诚型提升管理成效？（　）

A.考虑细致周全，万无一失再行动

B.提示行动拿到结果，学好公众面前的表达

7.你觉得自己像6号忠诚型的原因是（　）

A.我就是我，是人间不一样的烟火

B.总担忧不好的结果可能发生，需要提前多做准备

8.6号忠诚型领导力的提升方向是（　）

A.认真细致，不放过一个错误　　　B.敢于统领全局的领导气势

第八章

7 号活跃型

——我"乐"故我在

一、人群中如何发现 7 号活跃型：我"乐"故我在

1. 型号概述：价值观、注意力焦点和名人故事

[价值观]

7 号活跃型的价值观是：这个世界的美好就在于我可以选择！不管现实有再多的限制，我都要追求自由，去体验新鲜、刺激和美好！生命就是一场体验，所以，"无论何时，我都要追求快乐和自由"。

[注意力焦点]

7 号活跃型的注意力焦点总是被新奇好玩的事物或者与众不同的景物所吸引，善于在大脑中构造自然、美好的世界，随时随地都能浮想联翩，永远保持着乐观、美好的心境，故称为我"乐"故我在。

[名人故事]

大家熟知的湖南卫视主持人谢娜，刚出道时，被很多人吐槽"疯疯癫癫的，没有主持人的大气，不够得体，难以主持大型晚会"，可是，综观同行业，又有几位女主持人能够这样肆意洒脱，不顾自己的形象，只为给大家带来欢乐呢？所以她的主持风格在业内独树一帜，那就是真实地呈现快乐的自己，哪怕自黑也是一种快乐！多年下来，她已成为主持界一股"开心"的清流。

就像她自己说的那样："人生那么短，要么开始快乐，要么一直快乐！""爱简单也好，复杂也好，只要快乐就好！"

2. 型号描述：素描画像、基本生命观点、型号关键词、适宜的工作环境和擅长的职业

[素描画像]

7 号活跃型的素描画像——我"乐"故我在：讲乐趣、讲好玩、讲变化；不断尝试多种工作，在工作中或者与人交往中，享受生命带来的美好和有趣；关注变化与未来，爱好广泛，属于人群中天生乐观的"开心果"。

我善于发现和寻找快乐

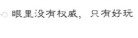

我要活得多姿多彩

眼里没有权威，只有好玩

大大咧咧、无忧无虑、
贪图新鲜感

追求自由和多样的选择

不会陷入痛苦里面

在一品九型工作坊的课堂现场，很少有 7 号活跃型能够一直安静地坐着聊天的，为什么呢？因为他的内心总是在探新，眼睛总是在追寻，大脑总是在联想，所以很容易被外界的变化而影响。

虽然，并非所有的 7 号活跃型都会给人一种活泼好动、喜爱攀谈的印象，其中也有不少人不大喜欢说话，但是，熟络之后，基本上他就不会再待在座位上了，他也许会主动寻找话题，也许会移动座位坐着，又或者跑到外面呼吸新鲜空气，总之，他就是"待不住"。

例如，上课时，当老师讲课很生动，也愿意与学员互动提问的时候，你会发现 7 号活跃型就特别放得开，不仅与老师互动频繁，还经常走出座位，与其他人互动；假如老师讲课不够生动，也不愿意与学员互动，他就会自寻乐趣，逗逗同学，玩玩笔尖，甚至把树上的毛毛虫摘下来恶作剧。当然，成熟的 7 号活跃型未必会这么做，但是，你依然能够感觉到他讲话时由内而外散发的喜感，让人情不自禁开怀大笑。

倘若 7 号活跃型遇到了痛苦的事情，会不会沉浸在痛苦之中，长期烦恼下去呢？我们问过一位 7 号活跃型，他有没有遇到过痛苦的事情？他脱口而出的是没有啊。再想想？嗯，再想想，再想想是有的。他说自己失恋过，不过，随即立马笑起来说，失恋后，他的前女友变得更洋气了！还有就是自己九十多岁的老奶奶过世了，他很难过。不过，话锋一转，他又笑起来说，村里接连摆了三天的流水席，好吃的东西很多，把自己肚子都撑坏了！看，这就是 7 号活跃型的价值观，"乐"无所不在。

7 号活跃型所在的课堂，很快就会一片欢声笑语。他们身上那种幽默风趣总能让大家快乐起来，尤其是在课间休息和午休的时候，只要听到他们爽朗的笑声，你的所有烦恼都会烟消云散，这也是为什么这类人会被叫作人群当中的"开心果"。

[基本生命观点]

这个世界充满了局限性，只有创造自由和乐趣，才能获取更加丰富的人生体验。

[型号关键词]

乐：快乐、乐观、乐趣等，这是 7 号活跃型的核心所在，他们随时都处在快乐或者创造快乐当中。而快乐是什么呢？快乐是精神上的愉悦和心灵上的满足。生活中的小小发现，都会令他产生无限快乐的感觉：当蜘蛛在结网、当露珠在下落、当风儿吹起发梢、当遥远的树林里有鸟儿在呼朋唤友，这些自然而美好的场景都会令他感到快乐。

可是，假如生活当中没有这些快乐的发现怎么办呢？那就自带发动机，自己创造快乐。比如在沉闷的公交车里，快乐或许就来源于扶手上的图案；在安静的考场，快乐或许就来源于一支新铅笔散发的木香；在反锁门的房间里，快乐或许就是墙角一排排列队吃糖的小蚂蚁；在严肃认真的会议室里，快乐或许就是对面墙上摆钟发出的嘀嗒嘀嗒声。

有人不禁要问，7 号活跃型的快乐这么简单啊，那到老了不会还像个小孩儿一样好玩吧？答案是对的。《射雕英雄传》里面的老顽童越老越好玩，他就是7号活跃型的典型代表人物。

自由：每个人都向往自由，但是，7号活跃型不仅是向往，更活出了自由，即使现实也不能阻挡他对自由的选择：一、工作性质是自由的，不能总是朝九晚五，而且总是做同一件事情就不好玩了；二是工作场合是自由的，最好能够同时有几个不同的工作场地，所以不抗拒出差；三是工作目标是自由的，不能总是循规蹈矩、一成不变，未来充满无限的可能，那就更有吸引力了！但是，倘若工作是不自由的该怎么办呢？那就创造自由的可能，他们有的是跨部门交往的达人，有的是组织活动的热心人，还有的是连开多家公司、跨界整合资源的高手！

好玩：7号活跃型选择工作的前提首先是好玩，并不把工作当成谋生的手段或者自身价值的体现，而好玩的前提就是有充分的自由度和选择权。我有一位7号活跃型的好朋友，他开了一家软件公司，合作了多家科技公司。但他一年之中只有8个月上班挣钱，留4个月游玩。有一年冬天游玩到漠河，玩着玩着忘了时间，把东三省游了个遍，回来的时候已经是夏天了。我问他有工作计划吗？他说有的，一年工作8个月。接着我又问他，那你有游玩计划吗？有的，但是玩着玩着，计划就赶不上变化了。在我看来，他有计划地工作是为了尽情地开心，好玩就是去不同的地点体验不同的玩法，如果都局限于一个地方和一种玩法，没有更多的选择，那就不好玩了。

体验：这里的"体验"更多的是指7号活跃型注重享受过程，而并非一味追求结果：一是好奇心强，行动迅速，但没有耐心，换句话来说就是活在当下，即使有坏的结果也认为是一种别样的体验，好坏都可以接受，所以江湖上人送外号"打不死的小强"；二是体验多样化的经历，是跨界高手，任何一项工作都不能限制他与其他工作、行业并轨合作的可能，而且这种可能性在7号眼里，就是真的；三是对于未来极富想象，他不仅想在未来，而且当下就活在美好而快乐的未来中。

所以即便当下有困难，有痛苦，他也会将其想象成美好的体验。比如，手机在逛街时被偷了，他的第一反应不是难过，而是认为太好了！终于可以换最新款的手机了！又比如，失恋本来是一件很痛苦的事情，但他认为有机会拥有更多美好的合理化选择，并开始体验新的生活，这样就不会被困在烦恼和痛苦里。所有的这些体验，都构成了 7 号活跃型丰富的人生。

[适宜的工作环境]

可以令其自由支配时间和精力、永葆活力与激情、有机会实现跨界交流、能够整合资源的工作环境，最好跟文艺创作、人文科技、发明创造、美食美景或者传统文化紧密相关。

[擅长的职业]

脱口秀演员、主持人、美食家、导游、摄影师、保教员、幼师、相声演员、画家、音乐家、美术家、咖啡馆从业者、花艺师、商业策划师、咨询顾问、市场营销人员、雕刻师、娱乐节目主播、动植物研究者、自由职业者等。

不建议从事的工作：安全管理员、行政官员等。

3. 微课实录：九型人格基础之 7 号活跃型

7 号活跃型也被称为享乐者，他内心的价值观是：这个世界充满了太多好玩和有趣的事情，我要突破局限，去体验并且分享我的快乐。其关键字是"乐"，奉行我"乐"故我在。

大家猜一下，当一个人的内心起了玩乐心，他是会只选择一种玩乐方式，还是希望能有更多的选择呢？显然是后者，所以我们身边的 7 号活跃型总是能发散性地想到更多、更好玩的方法，即他在一件事情上会有非常多的点子。

比如周末我们去附近爬山，7号活跃型可能就会想：哎呀！我们可以骑单车去，也可以走路去；可以从南山坡爬上去或从北山坡爬上去；我要带上烧烤炉架，生起火，在小溪边烤鱼，然后蘸着酱料和生抽，一口一口地慢慢吃。他自己边想边说，甚至就好像已经沉浸在场景中一样，所以他有很多好玩有趣的想法，总能吸引大家的注意。

再猜一下，那些追求新鲜刺激的7号活跃型，他是比较安静，还是比较好动呢？显然是后者，7号活跃型，小时候就特别容易被外在环境所吸引，比如教室外的鸟鸣声、一阵风走过的身影、同学头发上好看的蝴蝶结，或者对老师讲话的声音、黑板上的粉笔字充满了各种各样的联想，导致他总是"好动"：头摇眼转，手捏脚摆，身体扭来扭去，就是安静不了。而不懂7号活跃型的老师、家长就会认为这是多动症的表现，然后，对其要求更严格，甚至安排其坐在教室的角落，为其单独设置一套桌椅。

可是，大家不要认为7号活跃型就是贪玩的孩子。其实他们有着超强的大脑，比一般的孩子都聪明，就像老师常常说的"这孩子很聪明，就是没把聪明用到学习上"。你别看他平时上课好动不认真，只要课后翻书看笔记，他轻轻松松就能名列前茅。想想看，我们小时候，身边是不是就有这样的同学呢？

看到这里，也许你已经猜到了，7号活跃型会把自己的注意力焦点放到这件事情好不好玩上，好玩才值得去做，而好玩的标准，其实就是有没有玩过、新奇不新奇。所以我们总是告诫7号活跃型孩子的家长，要想让他考大学，就一定要给他找到好玩的理由，给予他充分的动力。比方说如果要想让他考浙江大学，就先把他带到杭州西湖、西塘、乌镇、周庄等这些充满江南风情的地方玩，让他知道，以后考上这里的大学就可以随便玩，让他的向往成为考大学的动力。

4. 职场案例：人生不设限，精彩随处现

有一个猎头公司的 7 号老总。有一次，他陪一位爱好收藏石头的客户到一个叫杨梅坑的地方去找一种黄蜡石，但是，车行在半山腰的时候，导航没有信号，无法引导前路。客户心情忽然变得失落，因为开车几个钟头，突然失去目标，意味着白走了这一趟。

可是，就在客户准备返程的时候，7 号老总嘴里蹦出一句话："人生的美妙，就在于迷路，哈哈，下车看看，说不定这里还有红蜡石嘞！"客户说："拜托，我们是来找黄蜡石的好不好？"7 号老总回应道："对啊，反正是来找石头的，能够找到新奇的石头不就是没有白来吗？人生不设限，精彩随处现。"客户一听，也觉得有道理，就下车来一起搜寻新奇的石头了。

瞬间转换心境，令自己和身边的人快乐起来，这就是 7 号活跃型天生的本领。

二、销售中如何搞定客户——当客户是 7 号活跃型时

我们已经基本了解了 7 号活跃型的行为特征，那么，在销售中，我们如何用九型人格的知识来发现 7 号活跃型客户，同时成功向其推销产品，顺利地完成销售呢？

1. 如何发现 7 号活跃型客户：好动爱笑，面带笑意

初次见面，我们可以从观察肢体语言的"三看"和倾听口头表达的"三听"两个方面来推测对方是否为 7 号活跃型客户。

（1）三看：从肢体语言推测

首先，看体形。

通常，7 号活跃型客户从小就好动，有的还好吃。虽然长大后的体形并没

有统一的规律性，但是，他们普遍好动，即便到老年也不会改变。那么这就是一个信号，不管对方从事什么类型的工作，只要是7号活跃型客户，在你对面坐着的时候，其身体难免一直在动：或者手指一直在玩笔头，或者头摇来摇去，看看这儿看看那儿，或者身体扭来扭去坐不住，还动不动就要起身走动一下，而且几乎很少见到跷着二郎腿的7号活跃型客户，原因不是坐姿不雅，而是因为跷着腿，身体就被禁锢了，不方便活动。

从穿着方面来看，7号活跃型客户通常不会穿着过于普通的大众装，有时候甚至奇装异服。只是，他们穿着的并不是引领时尚潮流的服饰，因为他们的内心并不追求外界的认可，他们更多的只是为了体验不同服饰风格带给自己和他人的不同感觉，这当然是种快乐的感觉。因此，他们衣着的颜色以明亮为主，或者麻衣粗布，或者异域风情，反正穿着起来就令人心生愉悦，这就是他们快乐的因子。

其次，看表情。

7号活跃型客户的表情容易给人不严肃、很有亲近感的感觉，有的还特别有喜感。当然，生意场上未必会表现得很明显，但是，这种"喜乐"的感觉和氛围一定会随着话题的深入而迅速扩大。

如果你仔细观察就会发现，7号活跃型客户的笑容不仅是发自内心的，甚至身体的每一个细胞都在活跃地笑，就是他一笑，你就能感觉到他整个身体都在笑，而且笑得那么天真无邪，就像孩童一样。这也就是为什么7号活跃型客户到老了依然如孩童般天真，因为他的快乐很容易满足，也很容易感染他人。

最后，看眼神。

7号活跃型客户的眼神容易自带喜感，而且他们特别喜欢与人畅聊未来的场景和架构，聊到未来的时候他们特别有兴致，仿佛置身场景中一样。他们的眼睛容易往右上角翻看，因为那是眼睛各部位当中最容易产生联想的位置，你甚至能够从他的眼神中直接看到盈盈笑意，然后与他一起开心起来。所以，为什么说7号活跃型从小就容易成为"开心果"，因为人们都愿意被快乐的氛围所感染，和他在一起的时候，所有烦恼都会烟消云散。

（2）三听：从口头语言考量

首先，听音量。

7号活跃型客户说话的音量通常比一般人都要响亮一些，换句话来说，他们的表达是发自内心的，所以音量会大一些。同时，他的音幅不会保持在一个水平，尤其是谈到自己感兴趣和兴奋话题的时候，他甚至会手舞足蹈，全身都抖动起来。而他们说话的语速和腔调普遍都比较快，快人快语。有时候，他就像一阵风似的跑过来说一大堆话，大家都还没反应过来他说了什么，可他转身就走了。当你回过头来问他说了什么的时候，他可能自己都记不得说了什么。这也从侧面说明"及时行乐""及时表达"对于7号活跃型的重要性。

其次，听口头禅。

要知道7号活跃型客户好动，不愿意久坐在办公室，特别喜欢到大自然中去走走看看，所以往往经不起别人的邀请，加上他性格开朗和乐意分享，其口头禅就包括："好啊，来啊！""对啊，就这样！""OK！你OK我就OK！""好的，一起来！""好的，一起去！""马上到！""吃了再说！""爽了再说！""爽啊，真爽，爽歪歪！"光听着这些表达，我们就能从中感觉到满满的活力，特别容易激发内心的欢乐。

最后，听内容。

为什么7号活跃型客户容易成为人群中的"开心果"？这里面除了面相笑眯眯、声音悦耳之外，他讲话的内容也特别有趣、有料、有感觉！什么叫有趣？就是平常不起眼的小细节，比如发现一只蜘蛛，他不但不怕，还能把蜘蛛描绘得绘声绘色。什么叫有料？就是7号活跃型客户钻研的领域一定是他喜爱的行当，他不爱就不做，一定不会委屈自己，而一旦是他喜欢而且爱钻研的领域，他所说的内容就绝不是一般的介绍，而是充满了爱和乐趣，你听着听着就会被吸引进去了。就比如我有一位7号活跃型朋友特别爱好研究美国明星玛丽莲•梦露的生活故事，每当他开口说起时，身边总会聚集一帮特别"快乐"的人。什么叫有感觉？就好比我们平常吃饭、夹菜就是为了满足果腹的功能性需要，可他不一样，经他口讲出来的美食，就好像已经在他口中一样，他一边咀嚼，一边说话，听得你口水直流！

如果你去过深圳海岸城的陈鹏鹏卤鹅店，看到每天排成长队的顾客都盯着店门口的大屏幕看，就会明白为什么这家店如此火爆：因为大屏幕上播放的正是香港美食家蔡澜介绍如何品尝卤鹅更有味道的美食专辑，你看得越久，内心积累的渴望就越多。而当你真的品尝到鹅肉的时候，就不禁想起刚才屏幕上的介绍，就会真的觉得鹅肉非常好吃。

2. 与7号活跃型客户相处的八字要诀：活跃气氛，适时表达

（1）准备场地

7号活跃型客户最忌讳一本正经，因为太严肃会令彼此感觉压抑。所以，高档餐厅不能选，反而越是轻松的场合，越是放松的情境，越能顺其自然地建立良好的关系。初次见面，可以把时间定在周末，地点定在户外，可以相约健身运动或野外散心游玩，这都是不错的选择。在放松的状态下，7号活跃型客户更能展现自己，结交新朋友、新伙伴。

（2）娱乐休闲

赴约前，可以准备一些美食或益智玩具，以免初次见面尴尬，毕竟用美食或者小游戏打开局面会容易许多。7号活跃型客户也许不喜欢一板一眼地介绍自己，但你一定能从娱乐休闲活动中了解他更多更真实的一面。

（3）活跃气氛

跟7号活跃型客户交往时，不要开门见山地介绍自己，那样太无趣，

不生动，客户想要的是自然而然地认识新的伙伴。所以，可以提前准备一些小段子、顺口溜，以轻松愉悦的方式表达自己，这样一定能给你带来想要的结果。

（4）适时表达

为了巧妙利用交往的机会，我们可以在表达自己的时候适时说说与 7 号活跃型客户交往的目的，未必一定要有目的，但是如果有就一定要真实地表达出来。一定不要让 7 号活跃型客户在高兴的同时收获一盆冷水，一定要用他们可以接受的方式实现交往或合作的目的。只要你是真诚的，能够让其感受到快乐，那么无论有无目的，他们都愿意多你这样一个朋友。

（5）临门一脚

大家知道，7 号活跃型客户的兴致来得快，去得也快，而且有可能对事情忘得也快，尤其是对刚刚答应的事情，有可能到了兑现的时候，又被新的兴趣和主题所改变。所以，交往的最后一步甚为重要！ 7 号活跃型客户本身是不喜欢被限制、被定义的，但对于我们业务来说，建立良好且清晰的关系是双方负责任的约定，只有在这个时候，积极推动临门一脚，才有可能确保初心达成。

三、如何提升工作伙伴的管理成效——当伙伴是 7 号活跃型时

让我们仔细回想一下，工作伙伴中哪几位是 7 号活跃型？他们的哪些工作和管理方式值得我们学习？我们又该如何根据他们的特性与他们沟通和相处，并取得更好的管理成效呢？

1. 如何发现 7 号活跃型伙伴：及时行乐，创意非凡

要在工作中发现 7 号活跃型伙伴，可以多留意平时你们相处的细节，观察分析他的待人处事和思维习惯来推测其是否为该类型的伙伴。

（1）待人处事

有的时候，7号活跃型伙伴虽然看起来大大咧咧，经常开玩笑，其实他待人是很真诚的。或者说，他的心里没有弯弯绕绕，因为他觉得弯弯绕绕会弄得自己很别扭，让自己都感觉很不舒服。所以用7号活跃型自己的话来说就是，讲话喜欢直来直去不转弯，当然年龄大了会有一些变化。但总体而言，7号活跃型伙伴的心里面不藏事，也容易感到快乐。

在处事方面，7号活跃型伙伴很有自己的主见和想法，跟大家不一致的时候，他也很难改变，仍会按照自己的想法去办。因为不同的想法就是不同的体验过程，如果他觉得你提出来的想法没有挑战性、趣味性，他可能一点儿工作兴致都没有，除非按照他的想法来行事。所以跟7号活跃型共事，需要先与他达成一致再行动，这样会比较有效。

（2）思维习惯

7号活跃型伙伴的习惯思维是："做这件事情，未来能出现什么结果？"他们总是着眼于未来，着眼于未来更多的可能性。当他越是在思考、越是在描绘的时候，你就越能够感觉到，他仿佛已经置身于未来的某个时间点，他所说的，他所做的，都会让你几乎相信未来就是这样的。

7号活跃型伙伴让我们看到的都是关于未来的美好前景、动人的创意和好玩的氛围，这里面就可能隐藏一些问题。这些问题是关于现实的困难，关于资源的不足，关于政策的变化等危机的考量。而且需要提醒的是，当危机真的出现了的时候，7号活跃型伙伴有可能以另外一种方式"合理化"躲避、转移危机。但危机一旦产生，就无法避免。在专业的提法里，这种行为也叫作"逃避痛苦"。

2. 如何向7号活跃型伙伴学习：轻松快乐多面手

在公司管理中，7号活跃型伙伴来去就像一阵风，是总能带给人快乐的

"跨界高手"。

具体来说，我们在管理工作中，应该向 7 号活跃型伙伴学习些什么呢？

（1）充满激情，一专多能

工作过程中总是处于充满着激情和快乐的状态，总是精力充沛，爱好与别人分享，具备多项才艺天赋；在工作中不拘一格，变着法子地完成任务，愿意尝试新的工作内容和挑战，愿意与他人分享工作的快乐；善于同时从事多项工作，而且不知疲倦，享受工作带给自己的满足感。

（2）愉悦自己，快乐他人

始终都保持着乐观的心态和高品质的精神，享受工作带给自己的乐趣和挑战；在繁忙和困难当中，懂得调适自己的心情和状态，不让自己陷入忧愁、痛苦等负面情绪当中，也愿意将快乐的因子传染给其他工作伙伴，营造轻松氛围。

（3）超前思维，跨界整合

具备超前思维的天赋，总能看到事物往好的方向发展的可能，善于描绘美好的愿景，能鼓舞大家的士气；善于将不同行业、不同公司、不同部门的互补资源进行对接和融合，善于化腐朽为神奇，从而产生更有价值、更有意义的工作"作品"。

3. 如何支持 7 号活跃型伙伴提升管理成效：督促项目闭环，分清场合界限

（1）倾听乐趣

7 号活跃型伙伴喜欢与人分享他的快乐，身边的伙伴需要陪伴他并且倾听他的分享。这样有两大益处：一是当你的工作一筹莫展、没有任何头绪的时候，可以听听 7 号活跃型的建议；二是在倾听过程当中，他也会产生更有意义的灵感或者联想。而且，他们的"金点子"往往就在随口无意的调侃当中产生，越是开放的环境，就越是有新奇的可能。

（2）督促进度

需要提醒的是，7 号活跃型伙伴往往善于开启一个全新的项目。对他而言，这不仅是全新的挑战，而且是全新的体验，他自然浑身上下都充满了动力。可是，在项目进行的过程当中，如果需要投入大量的时间和精力而不能顾及其他方面，或者又有新的项目加入进来了，7 号活跃型伙伴很有可能会被新奇项目吸引过去，因此要特别提醒他项目的节点及收尾工作，避免虎头蛇尾的结局。

（3）控制风险

显然，对于工作的障碍和未来的困难，7 号活跃型伙伴明显准备不充分，这里并非说他会逃避难事，只是说他更愿意去想象美好的结局。我们需要帮他罗列出未来可能出现的状况和风险点，罗列得越仔细，对于他以后开展工作就越有利，当然，罗列了风险，更要一项项去应对和控制风险。

（4）分清界限

我们知道 7 号活跃型伙伴是 "跨界高手"，在他的大脑里，很多事情和联想会融合在一起，因而他们多具有强大的融合创造力，这点对于一个新项目开拓而言是极好的。只是，我们需要提醒 7 号活跃型伙伴，在工作中要分清工作和生活的区别、领导和下属的区别、同事和客户的区别、公事和私事的区别。毕竟，人在职场还是要讲究各种规矩和场合的，多分清一些界限，就可以多给自己和他人减少一些烦恼。

（5）钻研深度

说起体验生活，7 号活跃型伙伴可谓是积极大胆。可是，当需要他们耐着性子钻研课题的时候，当需要他们从书籍里面提取资料的时候，当需要他们沉下心来进行系统比对研究的时候，他们未必能沉得住气，这就需要我们这些身边的人提醒、陪伴、鼓励他往深处钻研。当然，并不需要一口气钻研很深，可以先从实现小目标开始。

四、突破自身领导力瓶颈 —— 假如我是 7 号活跃型

之前，我们学习了如何发现并成交 7 号活跃型客户，如何发觉并支持 7 号活跃型工作伙伴，现在来看一看自己，假如自己是 7 号活跃型领导，那么我们应该如何分析、活用并丰富自己的性格呢？如何更好地突破习惯思维和常有情绪，令自己的领导力能力更上一个台阶呢？

1. 你是 7 号活跃型领导者吗？是不是总想着自由体验

要想进一步了解自己到底是不是 7 号活跃型领导者，不妨从内心觉察，问自己三个问题。

（1）做一件事情的动力是总想着它的未来是如何美好，如何与众不同？是否内心有强烈的愿望，想要去体验这些美好？

（2）遇到烦恼、困难和痛苦，下意识地自动转换成开心的状态：将烦恼瞬间合理化成快乐的选择，将负面情绪很快转换成积极的心境，并且身体不由自主地行动起来？

（3）受不了禁锢，身体总是想动起来；受不了冷场，总是想与人交流；受不了尴尬的氛围，总想点燃快乐氛围；很难埋藏心事，有话就说，不说不痛快？

请根据自己内心的真实念头和常有想法认真作答，如果以上三个向内心提问的回答都是"是的"，那么，你很有可能是一位在生活中充满乐趣、在工作中充满激情和灵感、擅长"创意管理"的领导者。

2. 7 号活跃型领导：自由神奇的转念快乐天赋

7 号活跃型领导善于在平凡的工作中发现快乐，工作为了玩，玩成了工作；善于将未来的美好创意与当下的现实进行融合，让自己生活在一个高幸福指数的状态里。

我有很多7号活跃型人格的朋友,他们从事的行业不一,有的做租车行业,有的做水果贸易行业,有的做中草药基地,有的做收藏品行业,有的做儿童机器人,有的做保险经纪,还有的做法律顾问,等等,但是他们身上都有一个共同的特征,就是随时随地都有发自内心的幸福感。即便当下遇到困难或阻碍,他们也能迅速地转换心境,转忧为喜,化腐朽为神奇!

这里我要提及的这位7号活跃型人格的朋友,他原来在深圳生活了十年,从事劳务人才代理工作,可是每周基本都有三五天是在深圳东涌冲浪,夏天和冬天都是如此。有时候,为等待海浪的到来,他会在海边的民房里住上好几晚,哦,对了,他的网名就叫作"浪里个浪"。可是,有人就要疑惑了,他这么好玩,经济收入从哪里来呢?

他的快乐不在于工作和报酬上,而在于享受这个世界带来的美好,所以他即便身上没带一分钱,也可以像变戏法似的,从夏天到冬天,把海边树上的水果都吃个遍,什么海菠萝、荔枝、龙眼、芭蕉等;又可以潜水到礁石下面,挖牡蛎、掏生蚝、撬海胆、抓螃蟹等生吃。他说,只有生吃的海鲜才能叫海鲜!

当然,他在冒险生活中也遇到过危险,比如他经常被魔鬼鱼和水母蜇,我就问他有什么好方法应对,他咬咬牙,仿佛在回味当时被蜇那一刻的感觉,憋了一会儿,缓缓地说出一个字"忍",可转眼间他就笑了,他说有一个人被蜇了屁股,好几天都侧着屁股坐凳子,他一想起来就会笑,笑着笑着就感觉不痛了。

后来,因为家里的原因,他离开深圳回到了老家,距今已经有六年时光。这六年里,他没有做正式的朝九晚五的工作,而是像玩一样,又把一桩桩生意做了起来。

他老家是全国有名的脐橙之乡,每年只有秋冬两季,确切地说是只有冬季工作:上山批量地采摘脐橙,然后装箱,包装打码,并运往全国,如今生意遍及 18 个省份。规模也上去了，听说承包了好几个山头，有近千亩果园。一年只要好好干一个季度，就能养活全年。

而平时，他热衷于山水之间：在小溪、河流、滩涂中寻找新奇的水生物，在崇山峻岭和原始森林里发现未知的动植物，甚至，为了观察完整的屎壳郎交配，他在田间地头趴上整整一个下午。看他朋友圈里记录了很多山林植被和丘陵生物链，根本无法想象这是一位 42 岁中年人的日常！

大部分 7 号活跃型领导都具备这种特征，不扭曲、不委屈，他们只做自己热衷的好玩的事业，并把这些事业当成有意义的体验。即便当时不赚钱，他们也不会气馁，更不会放弃。而更神奇的是，他们往往就是玩着玩着就把生意给做了，玩着玩着钱就跟着来了。所以，他们具备了化腐朽为神奇的能力：具有瞬间就能转换快乐的心境。

3.7 号活跃型领导力提升宝典：把握冷静决策的领导思维

我们看到 7 号活跃型身上有很多担当领导的特质，比如饱满的事业激情、灵活的工作方法、跨界整合的高明手段等，同时，我们也要认识到每种性格的过当和欠缺之处都需要去平衡，以便拥有这些性格的领导者的成功之路走得更为长远。以下是 7 号活跃型领导力的提升宝典。

（1）7 号活跃型领导需避免的做法

在项目启动阶段，请先问清楚自己几个问题：一是问清楚这个项目是需要长期投资的还是一次性投资，如果是长期投资，那么你做好资金、时间和精力的准备没有？二是假如这个项目没有营利，那这段时间你有没有足够的生活资本、学习资本，以及足够的生意本金令你可以东山再起？三是这个项目在你脑海中，是你的夙愿，还是你一时兴起的念头？你真的需要去实现它？是必须现在启动还是可以再缓一缓？

当你回答完以上的问题，确实还想着去做，那么接下来就是你需要在项目执行阶段去避免的问题。

①冲动行事：决策的时候往往依兴致冲动行事，下意识地忽略项目风险、困难和麻烦，不愿意为他人而改变。热衷于满足自己当下的体验，就有可能缺少长远缜密的规划；对于未来的艰苦考虑不足，就有可能出现"先苦后也未必甜"的情况。

②言之过度：不分场合地把对于未来的美好想象表达出来，懂你的人自然知道你是在分享，也是在激发自己前进的动力，但是，不懂你的人也许会觉得你有些天真，或者夸张，或者不切实际，也许会让他人对你的印象减分。

③交代过多：大多数情况下，7号活跃型领导自己擅长多相性思维，可以一心多用，同时开启和进行好几个项目。但是，在交代下属工作任务的时候，由于7号活跃型领导语速快、表达多，员工往往只能接受一半信息，而执行时又完成不到一半的工作，但是面对7号活跃型领导又不好拒绝，所以实际上交付的工作成果会大打折扣，这就需要7号活跃型领导给自己做减法并进行反思。

④随性改变：我们常常看到7号活跃型领导在进行一个项目的过程中，不知道什么时候又换了新的项目，或者把原来的工作项目交给别人继续做，而他又在新的领域出现。这里需要强调的是，如果个人爱好随意改变无可厚非，可是公司管理需要"长治久安"，持续运营，需要保持和保证管理工作的连续性。

在项目结束阶段，如果结果理想，你好、我好、大家好自然是好的，如果结果不理想，一定要总结经验教训。我们知道，7号活跃型领导自己很理想，但是别人不一定理想啊，所以如果不深入思考，总结失败的原因，那么下一次，别人与你合作就会考虑更多了。

（2）7号活跃型领导力提升方法

①隔夜决定：说干就干是7号活跃型领导的优点。但如果作为一家公司

的领导，就不能随心所欲了，特别是当参观学习归来后，他们会有很多新的思路、新的点子，很可能会变成新的决策。可是，想法是想法，决策归决策，领导者尤其要认清二者的根本区别，做到隔夜再做决定。

②控制边界：当同时面临多项选择或者两难选择的时候，要懂得当机立断和断舍离，须知舍弃就是另外一种获得，要确保最重要的不舍弃。假如多项资源融合在一起，要学会亲兄弟明算账，把每一项成本控制和费用支出的管理边界控制好。某种意义上而言，控制边界的能力也是聚焦目标的能力。

③直面痛苦：干事业一定会有不顺利甚至痛苦的经历，面对痛苦的当下，是选择合理化逃避，还是停留在痛苦的状态，又或者是向内心深处去探索和挖掘力量，还是解决痛苦？这三种状态，将是普通员工与管理者、领导者的分水岭。诚然，这个过程可能是煎熬的，但只有坚持下来，在痛苦中沉淀，在沉淀中成长，才有可能成就一个优异领导者的胸怀和格局。

④分场合说话：通常情况下，7号活跃型领导者的玩笑、幽默都无伤大雅，可是在公司管理层和客户在场的场合中，一定要提醒自己别口无遮拦地说出自己内心的想法，要学着先跟自己的内心对话，学着设身处地地换位思考：对方如果听到自己这么说，会有什么感觉，会怎么想。思考完之后，再说出合乎时宜的话语。这也是考量一位领导者成熟度的重要方面。

关于 7 号活跃型的教练问题

1. 7号活跃型快乐开朗，在公司里擅长营销、公关等工作，他的关键词包括（ ）

A. 刻板、严厉、慎独　　　　　　　　B. 自由、好玩、体验

2. 以下描述更有可能是 7 号活跃型客户的是（ ）

A. 认真严肃爱皱眉　　　　　　　　　B. 好动爱笑，眼睛自带喜感

3. 与 7 号活跃型客户相处的八字要诀是（ ）

A. 掌控期待，替他做主　　　　　　　B. 活跃气氛，适时表达

4.下列描述哪种是7号活跃型?( )

A.总在反思自己的过错,很难快乐　　B.及时行乐,创意点子多

5.可以向7号活跃型学习( )

A.关门研究自成大家　　　　　　　　B.轻松快乐多面手

6.如何支持7号活跃型提升管理成效?( )

A.尽情嗨乐,其他的置之脑后　　　　B.督促项目闭环,分清场合界限

7.你觉得自己像7号活跃型的原因是( )

A.整天独居静坐,两耳不闻窗外事

B.总想着自由体验,总想着有更多的选择

8.7号活跃型领导力的提升方向是( )

A.释放自我,张扬个性　　　　　　　B.把握冷静决策的领导思维

第九章

8号领袖型

——我"强"故我在

一、人群中如何发现 8 号领袖型：我"强"故我在

1. 型号概述：价值观、注意力焦点和名人故事

[价值观]

8 号领袖型的价值观是：这个世界人与人之间本来是公平的，但是被人的各种欲望破坏了，只有自立自强，成为权威，控制局势，才能维护这个世界的公平和正义，所以"我必须足够强大，大家才会尊重我"。

[注意力焦点]

8 号领袖型人的注意力焦点总在周围环境当中的权威人物，总是在意当下场合中谁是老大，人们被谁控制了，而且，他希望自己成为人群中的核心人物，掌握权力、主持公道，让每一个人都能生活在公平公正的环境之中。

[名人故事]

我国家电行业的知名企业家董明珠向来都是强人快语，她有如下名言：1. 赢得社会尊重，比赚取财富更重要。2. 能力越大，对社会和企业的影响就越大，企业家要承担起对社会的责任和企业责任。3. 中国通过自主创新掌握核心技术的能力而不靠买别人的技术，只有这样中国企业才能在国际市场打出自己的品牌，赢得世界的尊重。

2. 型号描述：素描画像、基本生命观点、型号关键词、适宜的工作环境和擅长的职业

[素描画像]

8 号领袖型的素描画像—— 我"强"故我在：讲权威，讲控制，讲公平；不断提高对环境的掌控能力和扩大自己的地盘，并且内心希望有跟随者，能够被人尊重；在工作中关注公平与对岗位的掌控，讲究公平公正，属于在自己地盘说了算的"大哥大""大姐大"。

我掌管一切

我的地盘我做主

外表强硬，内心
却是非常温柔

决定自己生命中的方向，
捍卫自身利益，做强者

目光看起来凌厉且充满敌意

不太注重服饰，注重权威和
力量的感觉

我们平时邀约 8 号领袖型来听课的时候，他的第一反应往往是："听课？听什么课？我还要听什么课？让他们来，都听听我讲课！"你看，口乃心之门户，8 号领袖型讲话都是满满的"我的地盘我说了算"的派头。

通常情况下，8 号领袖型是没有耐心一直坐在教室里的，因为坐着不动实在太沉闷，但站起来到处走动又影响课堂秩序，所以主动来课堂学习的 8 号领袖型人不多，来人中有的是因为被邀请过来做类型分享，有的是因为老婆学习太晚过来接人，还有的是因为听说这是一堂"搞定别人"的课题，想来一探究竟，比试比试或者来打假、主持正义。

由于 8 号领袖型对环境当中的权威比较敏感，所以特别关注老师授课的公平性（不是专业性）。如果他感觉老师讲课公道，符合他对老师形象的期待，他就会跟老师称兄道弟乃至勾肩搭背；倘若他觉得老师讲课水平很差甚至对待学生亲疏有别，那他就很容易直接跟老师怼上甚至对抗。

其实，了解了 8 号领袖型的内心动力机制，我们就会理解，不管他是跟老师平起平坐还是直接相怼，从他自身行为的表达来看，他只是想让大家知道，在这个场合里，除了老师，我就是老大，这里是我的地盘，我的地盘我说了算！

当然更多的情况是，8号领袖型通过搞定与老师的关系来一统课堂，他更喜欢大家伙簇拥他，从而享受被尊重的感觉。所以他在课程中，很可能会承包大家的餐饮福利或者其他小恩小惠，因为对于8号领袖型来说，保护弱小、收拢人心是一项天生的本领。

[基本生命观点]

这个世界原本是公平的，但是被人的欲望破坏了，我要恢复这个世界的公平和正义。

[型号关键词]

强：强大、强壮、强硬等，这些带有"强"字的词组会给人扑面而来的冲击感，就像8号领袖型的出场一样，要么远远地就能听到他脚很用力踏地的声音，听声音就有强大的感觉；要么他就像一堵墙一样地立在你面前，用力推也推不动；要么他说话斩钉截铁，给人不容商量的感觉，强硬得没有回旋余地。

总之，他的出现，就能让你感觉到压力，而这种压力，对于8号领袖型而言，就是他内心的动力：在这个环境里，我够不够强大？

然而，一旦他认为你跟随了他，你成了他的人，他又呈现出家长的心态，会对你特别好，会特别保护你，不允许别人冒犯你，这也是为什么8号领袖型也被称为"保护者"的原因。这里面似乎还透露出一种暗示：我是强大的，你必须跟着我吃香的、喝辣的，不允许跟随其他人！

掌控：这里的掌控有两方面的意义：一方面，如果在这个环境里，大家都听我的，我就会把你们当小弟，我会对你们都很好，好好地保护你们；我要掌控你们的思想、你们的行为和你们的关系，你们都得听我的！另一方面，如果有人不听我的，我就否认他，即便他是对的，我也认为是错的！因为只有这样我才不会被对方掌控。而如果我真的掌控不了某人，就会跟那个人对抗或者发生冲突。当然，冲突在8号领袖型的心里并不可怕，冲突就是解决问题的最好方式——干就完了！所以在 8 号领袖型的心里，你要么是我的人，要么就是我的敌人，呈现出明显的二元对立思维模式。

公平： 公平是指一个组织、系统、环境里面的每个人都得到了应有的权利和义务，而不是各有区别，不成体统。这里面是否存在着因公徇私？是否存在着恃强凌弱？是否存在着暗箱操作？这些不公平的因素，都是 8 号领袖型关注的焦点。这些不公平的存在，就是他站出来恢复公平正义的理由。但有趣的是，一旦 8 号领袖型掌控了局面，他所做的公平事情，在他人看来，又未必是公平的，所以一旦他说了算以后，他的公平大多是指他自己认为的公平。

过度： 这里的过度更多的是指向欲望，即总希望得到更多、总希望房间更大、总希望做事更快，包括冲动，为什么呢？只有更多的欲望驱动，才能够促使自己变得越来越强大、越来越强悍。所以过度在 8 号领袖型身上体现为：请客吃饭一定要大桌、多菜；喝酒一定喝到趴地不起；体育运动一定要用尽全力；干活儿一定要动作麻利，不干则已，一干到底。但是这里的欲望不是指私欲，更多的是指为他人（跟随者）创造更好的条件、作出更多更全面的保护，因为这样才会有越来越多的人跟随他，而且听他话的人也会越来越多，这样他才会越来越强大。

［适宜的工作环境］

可以放开手脚、独当一面的环境，不用多动脑筋、太费心思的工作，有战略思维和宽容的领导和上司，有一帮跟随的小弟（小妹），有奖罚公平、多劳多得、效率优先的工作氛围。

［擅长的职业］

军人、营销总监、市场总监、项目总监、警察、公安系统工作人员、司法系统工作人员、职业运动员、教练、裁判员、体育老师、大学辅导员、律师、外联公关、公证员、个体户、自由职业者、职业培训师、导演等。

不建议从事的工作：秘书、技术员等。

3. 微课实录：九型人格基础之 8 号领袖型

8 号领袖型也被称为保护者，他内心的价值观是：这个世界的公平公正被强权破坏了，我只有自立、自主、自强，才能掌控和主导这个世界的公平和正义，其关键字是"强"，我"强"故我在。

所以一个内心强大的人，从小就不依附别人。很多 8 号领袖型小的时候就是孩子王，特别能吸引一批跟随他的小朋友，然后，他来主导整个团队，让大家都心甘情愿地跟着他干。当然，也并非所有 8 号领袖型童年时都是孩子王，但有一点是共同的，那就是他们不依附别人，而依靠自己，独立、自强。他们的口头禅是"万事不求人，一切靠自己"，只有靠自己，才能赢得尊重，也只有靠自己，才能打下天下，所以他们从小就表现出极强的独立、自尊与刚强。

8 号领袖型除了对内保护自己人之外，对外也会特别在意组织里的公平和正义。他们身上总有一股与生俱来的、强烈的、讲究公平和公正的正义感，而这份正义感，会让他时刻都在观察和衡量组织的权威人物对待大家是一碗水端平，还是亲疏有别，甚至给别人穿小鞋？如果他发现了就会打抱不平、替人出头，这就难免会让他和权威之间产生直接的对抗和冲突。而对这种当面的对抗和冲突，8 号领袖型是不会回避的，他会"直接面对，直接开干"。有的时候，冲突就是解决问题最好最直接的办法！但凡有不满，8 号领袖型的话都放在明处直接讲。

什么叫明处讲呢？这是指他对你不满意就会直接表达出来，他不喜欢藏着也不喜欢掖着。所以有时候，我们会觉得 8 号领袖型做的一些决定会非常冲动，做的一些事情好像太简单粗暴。但是，如果我们懂得 8 号领袖型心思的话，我们就会真正了解，8号领袖型所有的决定和所有的抉择，都是为了保护自己的领地和弟兄们，或者是为了挑战不公平的现象，而不是为了自己的私人利益。

由此可见，8号领袖型身上常呈现出一种狭路相逢勇者胜的英雄气概，他的注意力焦点是组织和环境当中哪怕一点点威胁他权威的部分，对这些他可能会"一巴掌"拍向你。看到这里，有些人就会感到很害怕。那么在职场中，怎样跟8号领袖型相处呢？我们来看一个职场案例。

4. 职场案例：听话照做有前途

有一位8号领袖型老板，为了应对市场竞争，他进一步扩大市场份额，并招录了一位营销专业的硕士生来公司主抓营销管理。可还没过实习期，老板就把这位高才生给劝退了。

问其原因，老板说："我让他去看看市场环境，他就到每家卖场去吹空调；我问他为什么不去销售终端问问，他说现在的人买家电都是网上下单，在实体店只是体验体验而已，没有必要做市场调研；我让他去接待某品牌电器的区域总监用餐，他竟然就坐在酒店大堂等人家下来，我问他怎么不打电话给总监，他说总监知道要用餐自然会下来，可是，人家总监一直在等我们的电话，还以为我们有其他安排不理会他了；还有，我出差一个星期回来，店门口"6·18"促销的横幅还挂在那里，可是活动已经结束一个星期了，我问他怎么不把横幅拉下来，他说要等我回来做决定！"老板叹了一口气，继续说："你说，我请这么个人来我公司做什么？唉，真是一言难尽啊！"

一年后，我再次见到这位老板，说起上一年的事情，老板笑着说："当时都是自己争强好胜，带着学历光环寻觅人才，殊不知有真本事的才是真正的人才。学历只是入行的敲门砖，如果一个人真的有责任心有能力，我们一定要多给予其施展抱负的舞台，不能让人才埋没于人海。对于刚入行的新人也要注意循循善诱、多多包涵，时间会替我们筛选，留下最适合的人。"

二、销售中如何搞定客户——当客户是 8 号领袖型时

我们学习了 8 号领袖型的基本特征，了解了他那种敢说敢干的做事风格，那么，在销售中，我们应如何活用九型人格来发现 8 号领袖型客户，顺利地完成销售呢？

1. 如何发现 8 号领袖型客户：气场强大，喜欢训话

初次见面，我们可以从观察肢体语言的"三看"和倾听口头表达的"三听"两个方面来推测对方是不是 8 号领袖型客户。

（1）三看：从肢体语言推测

首先，看体形。

8 号领袖型客户的身体形态跟内心的动力机制紧密相关，那就是让人感觉"强壮"，普遍都身体硬朗结实，脚板硬，骨架大，肩膀宽，走路带风。他们的身体形态向外界传递出"我很强大"的信号，气场强大。走到哪里都能让人感觉到力量感。

我们常接触的 8 号领袖型客户通常都喜爱体育运动，他们的身体体质比一般人要持久耐扛、行动爆发力强。从心理动机层面来解释就是：一、8 号领袖型客户从不主动向别人求救，一切苦难都自己扛，所以从小肩负重担，肩膀硬朗；二、8 号领袖型客户内心常有的情绪习性被称为愤怒外化，就是遇到不公平的人和不公平的事容易直接愤怒而起，迅速在行动上体现为冲突和冲撞，所以爆发力强！

一般情况下，8 号领袖型客户都喜欢直来直去，不喜欢拐弯抹角，所以在穿着方面都比较简单，比如运动衫和筒衫。他们也不愿意在个人形象上花费

大量时间，因为 8 号领袖型客户的内心世界不是求你要爱我，爱来爱去太麻烦，不好掌控；你听我的话就好了，你跟随我，并且尊重我就可以了。当然，在职场或谈生意的场合，8 号领袖型客户又会特别注重穿衣打扮。

其次，看表情。

8 号领袖型客户的表情跟其内在很强的身体能量有关，常会呈现出夸张的表情。这也跟 8 号领袖型客户精力过旺有关，为了讲清楚一件事情，或者讲明白一个人，他们的表情和语气会比一般人显得更为夸张，这种夸张的表情可以让你在很短时间内就很深刻地记住他。当然，这里需要区别一下，夸张的表情不是表演的表情，目的不是好看，而是让你一定要记住。而且，如果你细心留意，就会发现 8 号领袖型客户用夸张表情表达愤怒的时候居多，他眼睛瞪得很大，嗓门很粗，动作很大，而且越愤怒、越夸张，就越有能量。即便他笑着说话，你也能感觉到他内在强大的掌控力量。

最后，看眼神。

8 号领袖型客户的眼神跟内心的价值观是一致的，通常是充满了强悍的力量感，透着一股不服输的劲儿。初次见面，你就会感觉 8 号领袖型客户强大的气场，他刚毅的眼神，让你产生强烈的冲击感和对抗感。因为他的内心是想要确立自己的权威，不能示弱于人，所以通过眼神表达强大！

（2）三听：从口头语言考量

首先，听音量。

通常情况下，8 号领袖型客户讲话的声音都比较响亮，极少轻声细语的，一方面是因为 8 号领袖型客户内心坦荡荡，讲话直接不喜欢绕弯，就是要讲得清楚，让你明白；另一方面是因为声音就是权威的一种表达，只要音量足够大，这个场域就是我的。

当然，声音比较响亮，并非都是清澈洪亮。很多时候，又响亮又美妙的嗓音往往不都是 8 号领袖型的表达，因为这里面可能有美化嗓音，以便让人听起来很舒服的成分，这更有可能是 3 号成就型的表达。

相反，熟悉 8 号领袖型客户的人，往往能够从他的声音里听出沙哑，那是平时用嗓过度造成的，为什么会用嗓过度呢？就是他大声讲话，不停地讲，大声命令，不停地命令，这样讲话久了就成了表达习惯。

其次，听口头禅。

口乃心之门户。8 号领袖型客户常挂在嘴边的话大多属于简、平、快、确定性的表达，譬如："听我的！""就这样办！"…… 这些话的内在表达是：我是决裁者，所以你要听我的。他们的语气不容商量，口气斩钉截铁，又或者经常脱口而出，不考虑后果，这跟 8 号领袖型客户的内在习惯有关。对他而言，直言快语其实是一种表达，第一表明地位差别，你要听我的；第二表明能量差别，你听我的准没错；第三也是最有意思的，如果你们的关系足够好，这更多地表示你们关系亲密，足够铁，否则，用 8 号领袖型客户的话来说，就是："一般人，我也不告诉他！"

最后，听内容。

在我们的课堂上，只要 8 号领袖型客户在场就能吸引大家的注意，因为他身上散发出的能量太强了，即便不说话，坐在那里也是不怒自威，看起来很是霸气外露的样子。一旦说起话来，基本上其他人都插不上话，插上话也会被他直接压制下去。所以更多情况下，大家很容易被他激昂的情绪感染，都竖起耳朵听他一个人发表"演讲"。他讲话的内容，也以直率的感叹句居多，以号召大家伙的感召句居多，或者以直接抨击某现象的否定式演讲居多。这些内容的表达，都源于其内心对于环境控制的"冲动"。

2. 与 8 号领袖型客户相处的八字要诀：实干跟随，示弱尊重

（1）凸显强大

紧紧围绕凸显客户"强大"为中心展开话题。与 8 号领袖型客户交往时，要懂得放低姿态，不可鼻孔朝天，目空一切；要充分给予对方尊重和认可，尽量凸显其地位和优势，不要吝啬赞美之情和羡慕之意；必要的客套和问候不可少，最忌讳做的事就是让8号领袖型客户丢面子，可以说丢面子是8号领袖型客户的死穴。

（2）注意事项

注意交际的场合和时间；抓住8号领袖型客户的言行细节。细节最容易被人忽视，却又是最能体现问题的地方。我们应该时时刻刻关注对方的一举一动，尤其是在一些细节问题上，要学会察言观色，及时表达对8号领袖型客户的关心，真诚的话语能让他产生高度的信任感和安全感。在与8号领袖型进行交流时，言谈间要尽量关心对方，让对方从你的语言中感受到你的诚意。只有你真诚地关注对方，才能收获对方对你的信赖。

（3）保持距离

要做到既紧密跟随客户，又要跟客户保持一定的距离。这就需要做到不随意开口夸赞客户，因为会显得突兀和不真实；要多加聆听，在听到具体事件表述时，可恰如其分地顺着往下说，把功劳给客户；在没有得到明确的认可信息之前，不要开口跟客户称兄道弟，保持距离，保持敬畏之心。一旦你的实力让客户看到，在赢得对方尊重的同时，也将赢得被对方保护的可能。

（4）适当示弱

在与8号领袖型客户交往时可以适当示弱，打肿脸充胖子反而更容易被人一眼看穿，所以不要觉得示弱是丢人的表现。

美国的一个心理学家曾经做过一项调查，如果一位彪形大汉傲慢无礼地从川流不息的马路上横穿而过，可能给他让路的人或者车比较少。但是如果是一位伤残者过马路，则会有很多人为他让路。可见，事实的示弱不仅可以获得他人的谅解，还可以得到更多的帮助。示弱和示强，有时候会产生与预期相反的效果。弱者有时会战胜强者，强者有时反而会处于弱势。更关键的是，示弱有利于促进人际交往。

三、如何提升工作伙伴的管理成效——当伙伴是 8 号领袖型时

让我们仔细对照，工作伙伴中哪几位是 8 号领袖型，他有哪些部分是值得你学习的，你该如何运用九型的智慧帮助他更好地工作和生活，让他取得更好的管理成效呢？

1. 如何发现 8 号领袖型伙伴：习惯掌控，不怕冲突

要在工作中发现 8 号领袖型伙伴，可以多留意平时你们相处时的细节，观察分析他的待人处事和思维习惯来推测他是否为 8 号领袖型。

（1）待人处事

讲义气，这是我们对身边 8 号领袖型伙伴一致的印象。此外还有对待伙伴都很大方，愿意主动付出时间和精力，帮别人的事情比做自家的事情还上心等。当然，前提是你们关系很铁，铁到你家里的任何事他都要管，而且要听他的、不容置疑的那种。

当然，处事方面他就不那么精细了，相反，还很粗放，好像什么都知道，但再往细里问，他就会变得不耐烦了。所以他的方向感把握得很好，处事的立场很坚定，而且还不怕困难，不畏艰险，越是困难艰险的工作，他就越有斗志去挑战！

（2）思维习惯

8 号领袖型伙伴的思维习惯是："这件事情，我能不能全盘掌控？"这里的掌控，不仅是结果，还有计划和过程等诸多方面。只要完全掌控、有把握的事情，他担当起来，就不需要别人插手，不需要别人帮忙，好坏结果都由他自己承担，所以他往往是独当一面的大将。

跟 8 号领袖型内心习性相关，他的表达中也可能有过度的地方，有时还会给人讲话夸张、口气很大的感觉。这些讲话内在实际是希望能够掌握讲话的局面，给人以掌控全局的印象。当这种表达不加任何修饰，就会包含很强硬的姿态在里面，如果是初次见面的伙伴，很有可能会被吓着。当然，如果是大家都很熟悉的环境，彼此之间亲密无间，打闹成一团时，8 号领袖型伙伴又会像个天真无邪的孩子一般，酣畅淋漓地玩。

2. 向 8 号领袖型伙伴学习什么：公平公正当老大

8 号领袖型伙伴尊重公平、不惧斗争，往往是公司非正式组织里强硬的"带头人"。具体来说，在管理中我们应该向 8 号领袖型学习什么呢？是 8 号领袖型伙伴身上的个人魅力："公平公正当老大。"

（1）大局意识，立场坚定

关注公司的大局，考虑问题往往从大局出发，看是否有利于公司，是否有利于团队，是否有利于他人。哪怕牺牲自己的利益也要保证公司和他人的利益。具有强烈的主人翁意识，立场坚定，不会风吹墙头草般地两边讨好。

（2）公平公正，敢于揭短

工作中关注管理的公正度和透明度，对大家关心的切身利益会一碗水端平，对发现的工作中"吃拿卡要"等不良行为实施"零容忍"；敢于向自身的管理改革，向不符合时代的落后机制开刀。

（3）情如手足，真心以待

8 号领袖型伙伴平时铁面无私、生人勿近，但与下属分享红利的时候不会吝啬分毫。正因为如此，他的身边会聚集一大帮跟他很久的伙伴。跟他在一起，可以有话直接说，没有什么芥蒂，相互真诚以待。

3. 如何支持 8 号领袖型伙伴提升管理成效：收集各方消息，分解落地承诺

（1）听话照做

基本上，8 号领袖型伙伴都比较坚信自己的观点和意见，就像我们常说这个人很固执、不转弯一样，我们别试图改变他的主意，只要顺着他的决定去做就好。如果错了，他虽会承担，但不会直接认错。而且当你与他同甘共苦时，他的内心就已经把你当成自己队伍中的人了。

（2）收集消息

我们知道，8 号领袖型伙伴在乎掌控局面，所以他们乐于收集各种不同的消息，也有很多消息的来源和渠道，这些都成为他们掌控和决策的依据。我们提供消息的同时也可以了解他的态度和观点，这有利于后续工作的开展。

（3）学会自嘲

通常，8 号领袖型伙伴讲话不会经过过多的思考，有什么就说什么，难免会因为某些话没说对得罪一些人，但是他自己并未留意到，这就需要我们在非正式场合，以自嘲、隐喻等方式，让他知道这么讲、这么做带给他人的不同感受，以便他下次讲话时注意。

（4）分解落地

对于平常注重大局的 8 号领袖型伙伴而言，如何将大话逐个分解为小目标并落地，需要他身旁的我们去帮助实现。当然，前提是他愿意让我们参与进去。这里需要说明的是，他并不一定要好的结果，而是要看到大家同心协力的态度，在他看来，态度比能力更重要。

（5）表达情感

在工作场合中，8 号领袖型伙伴有一说一，工作和生活分得很清楚，他不愿意也不会将自己的私人感情与工作混淆。但是在 8 小时以外，或有可能的情况下，我们需要逐步将 8 号领袖型伙伴的心扉打开，当然必须是小心翼翼

的，因为这可能意味着被控制。但是，一个人身心一致地投入工作，并学会用情感表达，管理工作才有可能进入新的高度。

四、突破自身领导力瓶颈 —— 假如我是 8 号领袖型

之前，我们学习了如何发现并成交 8 号领袖型客户，如何发觉并支持 8 号领袖型工作伙伴，现在来看一看自己，假如自己是 8 号领袖型领导，那么我们该如何分析、活用并丰满自己的性格呢？如何突破以往的习惯思维和情绪，令自己的领导力能力更上一个台阶呢？

1. 你是 8 号领袖型领导者吗？是不是总想着掌控局面

如果看了前面那么多对 8 号领袖型人格的解析之后，你依然无法准确判断自己到底是不是一个 8 号领袖型领导者，那么不妨向内心审视自己，问自己下面三个问题。

（1）做一件事情的动力是总想着能够控制它，从而控制相关的人，掌控大局？

（2）冲动对你而言是熟悉的还是陌生的？冲动的表达通常是愤怒的，尤其是当你看到不公平的人和事情的时候，或者遇到对方挑战权威的时候，而你冲动之后依然不后悔？

（3）你内心希望得到别人的尊重而不是喜欢，尊重你成为老大，跟随你，不管你做什么，总是服从你和配合你？

请根据自己内心的真实念头和常有的想法认真作答，如果三个向内心提问的回答都是"是的"，那么，你很有可能是一位在工作中敢干敢拼、富有正义感、容易成为"带头大哥"的、擅长"全局管理"的领导者。

2.8号领袖型领导：开创天地的强者力量天赋

8号领袖型领导在意维护环境的公平和正义，敢于面对困境，迎难而上，愈战愈勇；善于把握方向，紧盯目标，带领弟兄们团结一致，坚韧不拔，在战场上开辟新天地！

我有一位8号领袖型同学，是20世纪90年代的师专毕业生，在小学从教几年，因不甘于每天朝九晚五的工作时间和固定的工资待遇，当他打听到校办企业招聘业务员的消息时，就义无反顾地下海从商，从一名最基层的保健品销售业务员做起，开启了他征战商海的传奇故事！

那是1996年，他从三尺讲台走下，凭着肯吃苦、干劲足、不计较的精神，每天骑单车从城南到城北，不知疲倦地拓展业务。他还经常替送货员送货上门，遇到下雨天，也不闲着。他经常收集各种跟产品有关的信息，掌握最新的资讯，以便更好地完成任务。半年之后，他个人业绩超过老员工业绩之和，当之无愧拿下销售冠军的头衔！加上他为人仗义，对待同事、伙伴亲如兄弟，当年年底，他便被大伙儿推举为销售部经理。接下来，他基本上五年一个台阶，于1998年升级为业务总监；2003年被提拔为企业副总经理并主持全面工作；2008年被任命为公司的法人代表；2013年国有企业改制，他被同时聘任为法人代表和总经理。十几年间，他将这家企业从原来养活几人的小作坊，做成了面向全国布局销售渠道、养活上百人、纳税数十万的规模企业。

这里面有个插曲，原来被提拔为副总主持工作时，他是想过拒绝的，要么主持工作一把抓，要么就还是业务总监，用他自己的话来说：要做就做老大，从不做老二！这也刚好体现出他身上典型8号领袖型领导的强悍风格。

纵观这位同学的商场经历，我脑海中浮现出另一位8号领袖型领导"雷厉风行"讲话的画面，那就是格力电器的董明珠。她也是从电器销售业务员做起，一步一步地做到格力电器总经理的位置。而在她身上体现出的对待供应商和经销商一视同仁和对待员工公平公正的管理态度和风格，也无不体现出作为8号领袖型领导开创天地、掌控大局的强悍能力！

3.8号领袖型领导力提升宝典：提高情绪管理的领导情商

相比其他人而言，8号领袖型领导天生具备领导他人的天赋，比如团结、公正、不怕危险、敢于担当等。但是，如何更好地提升自己的领导水平，驾驭更多人和更大场面呢？以下是针对8号领袖型领导的领导力提升宝典。

（1）8号领袖型领导需避免什么

注意，当你想启动一个项目的时候，先问清楚自己三个问题：一是问清楚这个项目是你真正想要开展的项目还是你赌气想要开展的项目；二是问清楚这个项目是看起来（名义上）以你为老大的，还是实质上（财务上）以你为老大的；三是想清楚你们的团队当中，全部都是干劲十足的还是有人会给你泼冷水的。希望你善待那些冒着被开除的风险还来给你建言献策的人，因为他们能够很好地弥补你观察事物角度的不足，增强你抵御风险的能力与机制。

当你回答完以上三个问题，确定还想着去做，那么接下来这些是你需要在项目执行阶段去避免的方面。

①好高骛远：有格局和眼界是做领导者的优势。但要当心，如果你的性格张扬过度，容易让一些不怀好意的人钻空子，如利用领导者"好高骛远"，盲目扩大规模，同时启动好几个不相关项目的空子，趁机抬高做空，会让领导者骑虎难下。

②不求外援：我们欣赏8号领袖型领导的果断与勇敢，也深知他不愿让自己面对失败"深度思考"的一面让我们看到，他更多时候是一个人扛起所有悲痛。但这样不利于团队的共同进步，这时需要我们同甘共苦、共同面对，相互援助，即便大家都觉得他看起来安然无恙。

③冲动决策：这依然是需要提醒 8 号领袖型领导的重点。这里面的冲动并不是指脑袋发热地拍脑袋做决策，而是指因为他人的小小举动导致 8 号领袖型领导冲动否定原来的主意，将一切推倒重来。因为一个冲动的代价需要漫长的恢复和等待。

④亲疏有别：需要特别留意的是，8 号领袖型领导对待事物确实讲究公平正义，但是对于亲近自己、对自己说好话的人和远离自己、喜欢与自己唱反调的人容易亲疏有别。所以需要厘清的是，不要让亲疏有别的态度和立场影响大局的决策。

在项目结束阶段，如果事情成功，要留意不要夸大战果，更不要夸大自己的功劳，把功劳给别人就是一种激励；如果事情失败，也不必大发雷霆地与某些人势不两立。一个巴掌拍不响，事情出错了，要先从自己身上找原因，这样事情的发展才会一次比一次更好。

（2）8 号领袖型领导力提升方法

①转移情绪：学会转移注意力和情绪，在头脑发热或者即将冲动愤怒的一刻，观察其他有趣的人和事，瞬间转移自己聚焦的目标和高涨的情绪。通常，以打哈哈开玩笑的方式来转移最为恰当，因为如果沉浸在一件事情里面，要么压抑，要么爆发。

②有氧运动：养成至少一项有氧运动的习惯。慢跑、游泳可以释放压力和厘清思路；羽毛球、乒乓球可以增强抗击打能力和团队配合能力。运动可以更多地调动身体的智慧，让你的发展更为全面。

③锻炼下属：把问题抛给下属，别什么大小事情都一肩挑，那样既不利于下属的成长，又会占据自己思考大局的精力和时间。要学会在问题中让下属对立和辩论，取双方之长处为你所用，以成就将来的一番伟业。

④聆听意图：学会聆听他人说话的意图，而非他人说话的内容。8 号领袖型领导往往有一说一，也容易听完别人说话就直接得出结论，往往直接表

达情绪和行为而不计后果。这里就不排除有人会故意利用这一点，把8号领袖型领导当枪杆子使。所以8号领袖型领导需要在开口前先思考对方为什么会在这个时候说这些，他的意图是什么，这样才能从更大空间掌控双方谈话的主动权。

关于8号领袖型的教练问题

1.8号领袖型强势控制，在公司里擅长销售、带团队等工作，他的关键词包括（ ）

A.跟随、示好、附和　　　　　　　　B.掌控、公平、过度

2.以下描述更有可能是8号领袖型客户的是（ ）

A.笑眯眯的，跟谁的关系都好　　　　B.气场强大，喜欢对人训话

3.与8号领袖型客户相处的八字要诀是（ ）

A.玩笑逗乐，拉拢关系　　　　　　　B.处处尊重，示弱求助

4.下列哪种是8号领袖型？（ ）

A.你好我好大家好，大事化小，小事化了　B.习惯掌控态势，不害怕冲突

5.可以向8号领袖型学习（ ）

A.感受细腻心思多　　　　　　　　　B.公平公正当老大

6.如何支持8号领袖型提升管理成效？（ ）

A.凸显不同，追求个性张扬　　　　　B.收集各方消息，分解落地承诺

7.你觉得自己像8号领袖型人格的原因是（ ）

A.不愿自己做主，总是听从他人安排　B.总想着掌控局面，总想着我说了算

8.8号领袖型领导力的提升方向是（ ）

A.谨小慎微，力求不出错　　　　　　B.提高情绪管理的领导情商

第十章

9号和平型

——我"和"故我在

一、人群中如何发现9号和平型：我"和"故我在

1.型号概述：价值观、注意力焦点和名人故事

[价值观]

9号和平型的价值观是：这个世界的万事万物本来都是和睦相处的，但是被有些人的欲望破坏了，而我要放下我的欲望，与这个世界和谐相处，不与别人起冲突，这样大家才会爱我，所以"我要站在他人的立场，与整个环境和谐一致"。

[注意力焦点]

9号和平型的注意力焦点总是不自觉地跟随环境的需要，他人的立场、观点和行动而变化，忘了自己的立场、观点和需要。只有沉浸在他人或者习惯的行为中、与外界融为一体时，他才会觉得自己值得被爱，故称为我"和"故我在。

[名人故事]

大家都熟悉的知名艺人黎明，多年来一直严于律己。他的名言"好多事情都是可遇不可求，通常有目的有意识去做都不会成功，反而随意去做可能有意外之喜。""得到歌迷的支持，我很高兴，但我没有必要去刻意讨好他们。""坦然面对生活中那些不可改变的事情，努力付出那些你可以改变的事情。"这些都恰好是9号和平型在面对事情和人时的心态，即随遇而安和水到渠成。

2.型号描述：素描画像、基本生命观点、型号关键词、适宜的工作环境和擅长的职业

[素描画像]

9号和平型的素描画像——我"和"故我在：讲和气，讲随缘，讲好的；习惯固定的工作流程、工作内容和工作伙伴，有耐心做完朝九晚五的日常工

作；善于换位思考，讲究随遇而安，不与人争斗，属于在我们身边好脾气的"好好先生""好好小姐"。

我要和大家和谐一致

大家身边的"老好人"

举止动作偏慢，相信船到桥头自然直

总能站到他人立场上思考

习惯附和、跟随他人

喜欢穿着舒服、宽松的服装

在一品九型工作坊的课堂现场，主动前来学习的9号和平型并不算多，因为学习是很费脑子的事情。9号和平型喜欢简单随意，因为这样不会让自己的大脑费神，费神就意味着对各种脑细胞的不"和谐"。当然，这也是对自我意识的一种"和谐"，即不多想事，也不多闹事，更不愿事事争先恐后，因为这么做都太累，会导致大脑不和谐、身体不和谐、情感不和谐，统统都不和谐了。还是原来怎么样就怎么样，不要打破和谐的环境就好。

9号和平型来到课堂的原因，要么是受朋友、团队邀请一起来，便一起来了；要么是工作性质要求来，因为应该来，所以来了。大多数都不是因为自己的内心真正想要学习而来。这里并非说9号和平型不好学，只是让他们用三天两夜的时间待在从没有接触过的教室里，这本身就很复杂，很累人，不如舒舒服服地躺在家里享受悠闲时光。当然，如果这门学习是他感兴趣的，又或者是刚好能够帮助解决他当下问题的，使他能以简驭繁，他还是愿意来的。

所以来到课堂的9号和平型，大部分时间都是坐在最后面：要么跟着大家一起鼓掌和欢笑，但当你问他鼓掌和欢笑的原因时，他可能并不知道，而是周围的人怎么做，他就跟着做。他只想和环境里大部分人的模样和动作一致，这样整个环境和人才是和谐的。要么，他会坐在后面舒舒服服地听着，甚至当老师讲话很好听，还具有催眠效果时，他会听着听着就睡着了。在他的世界里，因为老师的声音和周围的环境太和谐了，不睡一会儿，都对不起这种和谐，而这里的和谐，往往也意味着安全。

当然，任何型号人的性格都有积极和不积极的时候。真正想主动来学习的9号和平型还是会很认真地学习的，也很想学以致用。但是，他并非想成为学习最好、和老师互动最多的那位，因为太被别人注意，就破坏教学环境的和谐，抢夺了其他想表现同学的机会，也就是说打破了同学之间的和谐。这就不是9号和平型所希望的，他只想学得和大家"差不多"就可以了，因为这样大家才会比较和谐。

[基本生命观点]

这个世界人与人之间本来是和睦相处的，我要放下个人私欲，与大家和谐一致。

[型号关键词]

和：和气、和睦、和谐等，这里的和谐既指与人的和谐，还指与社会生活、自然界的和谐。所以当9号和平型在一个地方待久了，就形成了关于自己的和谐环境：熟悉的路、熟悉的公司、熟悉的同事、熟悉的工作、熟悉的家，而他也就不用太费心费力，只需按照既定的工作、生活习惯来生活就好了。但是，一旦不得已要搬家，就等于打破了和谐状态，要重新去适应新的环境，这样就不"和谐"了。

当然，9号和平型的"和谐"不仅指向外界，对自身内部而言，也是需要的，比如为了不让自己身体感到别扭，就不穿不舒服的衣服；不让自己的心情糟糕，就不去想难过的事情；不让自己的头脑费神，就不去揣测他人讲话的意图。所以通常我们见到的 9 号和平型都显得相对简单，他们想得简单，活得简单，对自身的物质生活也没有太多急迫的要求。

关系：这里的关系既包括对自我的关系、对他人的关系，也包括对社会环境的关系和对大自然的关系，即大家都处于稳定和谐的局面，不对立、不冲突。一言以蔽之，9 号和平型"主张"不"主张"：他的主张就是不要主张，不独树一帜，不提出不同的主张，身体是舒适的、生活是习惯的、工作是熟悉的，这样的关系就是你好、我好、大家好的关系。

惯性：这里的惯性不仅指行为的习惯，还包括思维的习惯和情感的习惯。因为相对而言，创造新的行为方式，就需要打破以往和谐的局面，所以他愿意待在相对熟悉的环境里，比如家里；创造新的思维方式，就需要打破原来的和谐模式，所以他愿意从事不用太灵活用脑的工作，比如园丁；创造新的情感关系，就需要打破原先的情感格局，所以他愿意跟自己多年熟悉的朋友待在一起，因为彼此都熟悉了解。

慢拍：这里的慢拍不是指大脑的反应慢，这里是有哲学智慧的，就好像 9 号和平型人内心常有的想法"船到桥头自然直""没关系，会过去的"。这里体现了一种道家智慧，即敬畏自然和相信规律，什么急事、难事到了眼前，我们都不用慌张，自然会有其他人去摆平，天塌下来还有高个子顶着。所以不急着做决策，先看看别人的主意，慢慢来，会比较快。

融合：9 号和平型因为在乎环境的整体和谐，关注和配合他人的立场，所以在人与人之间的关系当中并不是很主动，而是被动地配合他人和环境。比如在一些场合当中，有人发表观点，他就安静地听着，大家点头，他也跟着大家点头，即便内心未必同意对方的观点，但是求和谐的核心价值观促使他去配合他人的动作。因为这样不至于引发不同和冲突，这样整个环境和人就和谐了。

[适宜的工作环境]

不用经常出差东奔西走的工作、不用灵活应变跟不同人打交道的工种、不用费尽心思求变创新的行业，朝九晚五、距离家近、熟悉的人事环境、习惯的工作内容和稳定的薪资水平的工作。

[擅长的职业]

幼师、园丁、客服工作者、社区工作者、调解员、办公室职员、人民教师、机房值机员、协会秘书、公司文秘、行政人员、人力资源部工作者、党群工会人员、信访接待员、心理咨询师、婚姻家庭咨询师、绘画培训师、音乐培训师、动植物养育师、宠物医院工作人员、花店工作人员、服务人员等。

不建议从事的工作：杂技演员、导游等。

3. 微课实录：九型人格基础之 9 号和平型

9 号和平型也被称为调停者，他内心的价值观是：这个世界人和人之间、人和自然之间、人和社会之间，本来都是和睦相处的，所以我要放下我的欲望和要求，主张不主张，跟大家和环境和睦相处。他的关键字是"和"，我"和"故我在，一个内心追求和谐的人，是不愿意看到更不愿意引发关系冲突的，甚至更多时候在意见相左、冲突即将发生的前一刻，他会采取隐忍态度，大事化小，小事化了，睁一只眼闭一只眼让事情过去。所以我们 9 号和平型在人群当中也通常被称为"好好先生"。

所谓"好好先生"就是通常你问什么，他都说可以，你提议什么，他都说行，即便有时候他内心的选择与别人不一样，他也会选择随大流，跟随大家的想法和主意，跟着大家走，他认为这样就能够彼此和睦相处。

那么各位猜一下，一个追求身心灵和谐和跟大家和睦相处的人，他是更喜欢一种变化动荡的环境，还是更喜欢一种稳定、有固定习惯的环境？显然是后者。所以9号和平型相对来说都行动缓慢。这种慢既体现在他与人讲话的时候，或者办理事情的时候，也体现在他做决定的时候，甚至有些拖延。如果不懂9号和平型，会觉得他习惯性拖拉，如果懂他，就知道9号和平型是要顾及方方面面的关系，希望大家彼此都不要起冲突，不要因为一个决定而破坏了彼此的关系。所以要好好地在一起，慢就是一种智慧，一种等待的智慧。

4. 职场案例：让她复述你的表达，才能真正明白她是否明白

曾经有一位9号和平型的学员，跟我们分享了她的上司向她交代工作的案例。她的上司是一位7号活跃型领导，这位领导经常风风火火地跑过来，快人快语地讲完一番话，还没等9号和平型下属反应过来，又一阵风似的不见了，留下9号和平型下属一脸无辜地坐在那里。

好在他俩当中，一位是7号活跃型领导，天生乐观，不大计较；一位是9号和平型下属，相信"船到桥头自然直"，两人相安无事地相处了一年多。

直到这位7号活跃型领导学习了九型人格这门课程，他才发现自己的下属原来是位9号和平型，难怪一直问她听清楚没有、听明白没有，她的回答都是"嗯"。其实，"嗯"不是听明白了的意思，而是你说什么就是什么的意思（当然，这不是敷衍，只是不愿意让你觉得不舒服。所以"嗯"更多的可能是一种习惯性的附和表达）。这位7号活跃型领导明白9号和平型下属回答"嗯"的原因以后，就换了一种提法：在自己交代重要事情以后，让9号和平型下属再完整地复述一遍，这样他才真正明白对方是否明白了。他还让对方一条一条地记下来，再一条一条地打钩完成，这样，重要的工作才不至于有太大的偏差。

而9号和平型下属养成这种职业习惯以后，更加得到了7号活跃型领导的青睐，职业上升通道也越来越通畅了。

二、销售中如何搞定客户——当客户是9号和平型时

我们知道9号和平型平时都是老好人，不大主动拒绝别人，也基本不会为难别人，看起来，对他们进行销售应该不费吹灰之力。可是，实际并非如此。9号和平型客户的内心有一种强大的"隐藏力量"，这股力量就是不愿改变，因而实际上很固执，你让他接受新事物、新观点，还真的不是一件简单的事情。那么，我们应如何判断客户是否为9号和平型并完成销售呢？

1. 如何发现9号和平型客户：平和安逸，好好先生

初次见面，我们可以从观察肢体语言的"三看"和倾听口头表达的"三听"两个方面来推测对方是否为9号和平型客户。

（1）三看：从肢体语言推测

首先，看体形。

9号和平型客户的身体形态呈现两种状况，要么身体相对肥胖，这可能跟他长期久坐、缺乏运动有关；要么偏瘦，属于怎么吃也吃不胖的那种。他们有的会因共同生活的对象的生活习惯而悄悄改变自己的生活习惯，久而久之，就转变成他们共同生活的对象的模样。但是，不管是胖还是瘦，9号和平型客户的身体通常并不僵硬，是柔软的，而且肢体语言相对比较单一、不丰富。比如在家里或者在熟悉的场合，如果能躺着他们就不会坐着，因为累；如果能坐着也不会端坐，因为太累；最好背贴着沙发，手有搭靠，将整个人陷在沙发里面，这样身体会比较舒服，所以9号和平型客户经常会给人一种"慵懒"的感觉。

在穿着方面，9号和平型客户一定要让自己的身体感觉舒服，所以穿着棉麻布或者简单易穿的服饰居多，不喜欢制服或者很艳丽的彩色衣服。当然，因为工作需要必须穿着制服就另当别论了。

因为9号和平型客户从内心出发，是希望大家彼此安好，他不会带头提

出改变，不会凭空拒绝他人，也不会随意改变周围的环境，所以通常他们都是随遇而安的。要自在，与身体接触的物品最好不要变化，与周围接触的人也与平常一样稳定就好。

其次，看表情。

9号和平型客户的面部表情，在大多数情况下都是和气的，喜怒哀乐的变化不大（如果是演员等职业化角色除外），即便遇到了快乐或者烦恼的事情，一是他们不愿多想，认为事情自然就会过去；二是他们表情变化真的不明显，当真的遇到愤怒的事情，你也感觉不到9号和平型客户在生气。他甚至会用笑来表达自己内心的不愿。因为他们认为相比较而言，外在关系破裂，要比内在关系破裂更麻烦且更难修复。

但是，不要认为9号和平型客户永远不会发脾气，当他内心的"不情愿"积累到一定程度，当他内在的"压抑"积累到很多的时候，他会突然在某一时刻爆发，你会觉得他突然像是变了一个人似的。但当你还在琢磨他为什么会这样的时候，发完脾气的他，很快又恢复到原来的样子了，他没事儿了。

最后，看眼神。

通常情况下，9号和平型客户给人的感觉是平和的，长时间地观察，你会从他眼神中读出一丝喜悦，这是一种亲和的表现。相对其他型号而言，9号和平型客户的眼神不会那么警惕和慌张，看起来也没有什么戒备，既不会聚焦般死死盯住，也不会放空深不见底，更不会时时神采飞扬，而是看起来很舒服的那种。当然，遇到开心的事情，他的眼神也带笑，但是基本上不会皮笑肉不笑。你能看到他的身体、表情和眼神的一致性，他的欢乐是发自内心的、真实的表达。

（2）三听：从口头语言考量

首先，听音量

通常，9号和平型客户说话的音量不大，音幅居中，基本不会拿腔拿调，如果你没有用心仔细地听，你甚至连他讲话的内容都没有留意到。

为什么会这样呢？一是因为他在人和人的关系当中，更倾向于倾听，多听少说，而且附和的居多，因为这样才不至于在关系中出现对立；二是因为他认为如果讲话音量过大，就会影响其他人，或者成为话题的中心，这样无形中就把自己给凸显出来，打破了原有的和谐环境；三是如果讲话抑扬顿挫有腔调，就会引人注目，会引发大家的关注和提问，简言之，会带来更多需要动脑的思考和回答，这样会打破内心的宁静。

其次，听口头禅

我们常常可以听到的 9 号和平型客户的口头禅是"嗯""好的""听你的""和大家一样""没关系"等这样听起来很舒服，既不持观点又附和立场的言语。用 9 号和平型客户的价值观来描述，就是"主张不主张"，即你问我什么，我的主张都是不主张，你认为什么可以那就什么可以，你的立场就是我的立场，慢慢地，我就像隐形一样，和周围的环境融为一体，那样就好了。

当然，并非说 9 号和平型客户完全不懂得拒绝和不持立场，上面说的是大部分时间的表现。一旦 9 号和平型客户愤怒了，就像沉睡的火山一样，爆发那一刻是很可怕的。但那也只是偶尔情况，并非常态。

最后，听内容

我们身边的 9 号和平型客户往往都是人群中很好的协调者。他们善于发现别人身上的闪光点，善于站在他人的立场考虑问题，善于从大局出发，遵循自然的形势和规律。所以我们经常可以听到 9 号和平型客户嘴里说出别人好的内容，尤其是当双方持对立观点的时候，9 号和平型客户往往能够发现对方的优点和双方观点当中"和而不同"的部分。他们与生俱来"和"的大智慧，可以帮助他们将大事化小、小事化了，让他们与更多的人同道而谋。很多时候，9 号和平型客户的无为就是最大的有为，相信自然的规律，相信他人的力量，这也符合道的力量。

当然，这里并不是指9号和平型客户特别能说，而是指在协调关系方面，他能让多方趋向和谐与稳定。他们平时不大主动表达，即便表达了，也未必头头是道，更有可能只是只言片语，而且，通常你也不会觉得他们说的是需要特别重视的事情。所以，我们更要珍惜和用心倾听9号和平型客户的主动表达，那很可能是他在为他人说话。

2. 与9号和平型客户相处的八字要诀：善用关系，偶露难处

（1）善用关系

销售方可以提前多方面了解客户的人际关系，在熟人圈层里面做调查，了解客户的喜好与习惯，最好能够融入客户的朋友圈层，先成为朋友，建立彼此的信赖感，培养出感情，销售关系慢慢就水到渠成。

（2）表达简练

如果没听明白，9号和平型客户也不会主动发问，所以，为了让他听得明白，销售方需要将自己的表达练习得简洁高效，特别要将专业提法转换成通俗说法，将复杂的原理通过简明的比喻阐述出来，将烦琐的统计换成简便的图形来呈现！同时，要注意一句话不要超过13个字，尽量简单明了，直说直话，不要绕弯，让人一听就能明白。

（3）学会倾听

这里的倾听还包括观察，要留意9号和平型客户的表达模式：他点头，并不意味着他同意，那可能只是他下意识的习惯，你需要确认他点头的具体原因；他说好的，不代表马上就可以落实行动，那可能只是他随口的客套话，你需要顺着话说那接下来我去找某某落实；如果他征求你的意见，你可以让同行的人一起说说你们的经验和看法，打消客户内心的顾虑。

（4）稳妥行事

在 9 号和平型客户面前讲话需要注意：首先，语速不能太快，否则他听不清楚，又不愿多问，嫌麻烦；其次，不能催促客户做决定，因为 9 号和平型客户会越催越慢，他觉得慢慢来比较快；最后，特别忌讳"临门一脚"，这种做法适用于急性子客户，对于 9 号和平型客户而言，销售方必须耐着性子，多培养感情，时机到了，自然水到渠成。

三、如何提升伙伴的管理成效——当伙伴是 9 号和平型时

让我们好好想想，工作伙伴中哪几位是 9 号和平型？他有什么样的特点？有什么值得你学习的方面？你应该如何支持他提高管理效能呢？

1. 如何发现 9 号和平型伙伴：为人考虑，在乎关系

要在工作中发现 9 号和平型伙伴，可以多留意平时你们相处的细节，观察分析他待人处事和思维习惯来推测他是否为该型号的伙伴。

（1）待人处事

对于 9 号和平型伙伴而言，工作是生活的延伸，也是自己舒适区的延伸，所以在工作场合的 9 号和平型伙伴跟随主流，听从安排，服从指导，很少提出不同意见，很难拒绝他人，很可能是拥有好人缘的倾听者。当然，大家有好事也会尽可能想着他，因为 9 号和平型伙伴天生有一种本领，那就是会站在他人立场说话，会维护他人的利益。所以大家有好事自然也会想到他，甚至在年底评优评先的时候，单位里的那些竞争者往往会投票给老实巴交的 9 号和平型伙伴，因为投票者觉得，投给 9 号和平型伙伴，总比投给比自己厉害的竞争对手强！

可是，在处事方面，9 号和平型伙伴就没有那么积极主动了，他们更习惯于固定的工作流程和内容，对于创新和改变，他们天生就不"感冒"，因为那

意味着脱离现有关系，这对他来说是一件非常可怕的事情。

（2）思维习惯

9号和平型伙伴的思维习惯是："做这件事情，我要根据什么既有的方式来做？"这里的既有方式就是事情运作的基本规律，在工作层面，即固定的工作流程和熟悉的工作内容。当然，如果工作对象也是固定的，不用另外多动脑筋和费心思就更好了。

这里面就隐含着一种固执，这种固执是不以强烈的对抗，甚至是以拖延的方式体现出来的固执。当你问9号和平型伙伴本人时，他未必能认清这是一种固执，他只是觉得做事情最好有框架、有参照，每一步写明白怎么做就好，按部就班就是最好的工作方式。

2. 向9号和平型伙伴学习：耐心细致容不同

在公司里，9号和平型伙伴可能是跟谁的关系都差不多的"老好人"。具体来说，在工作中，我们应该向和平型学习什么呢？9号和平型伙伴身上的个人魅力：耐心细致容不同。

（1）包容不同，允许出错

工作中肯听取不同人的观点，不打断他人的发言，允许大家发出自己的声音；允许他人在工作中无意地犯错，善于大事化小，小事化了，营造相对宽松的工作环境。

（2）耐心细致，踏实稳重

对于日复一日重复的工作不会表现出厌烦，反而会自得其乐；愿意在现有工作中耐心细致地做到更好，不要大的变化，可以小有乐趣，让工作舒适舒心；对于答应别人的工作，尽可能地踏实完成，不夸张、不虚浮、不张扬，给人感觉稳重可靠。

（3）设身处地，替人着想

做任何决定前，总是不自觉会站在别人的立场，会考虑他人舒不舒服，会考虑整体方向，会弱化自己的立场和利益要求，所以一般不会轻易决定，习惯把决定权让给他人，主张不主张。

3. 如何支持 9 号和平型伙伴提升管理成效：鼓励表达自我，关注工作重点

（1）鼓励表达

9 号和平型伙伴的内心总希望大家的关系和谐，即便自己有不同的想法，也不愿意说出来，怕破坏彼此的关系。所以如果 9 号和平型伙伴没有表态，并不代表他默认了，他有可能还在思考，你需要给他一点儿时间；当他说"好"的时候，并不代表他明白了你的意思，有可能只是他不愿意麻烦，想早点儿结束而已。所以，你需要留一点儿耐心，鼓励他把内心的话说出来，你要告诉他，你很在意他的意见。

（2）聚焦重点

这个部分是特别需要提出来画重点的，因为 9 号和平型伙伴太过在意与周围的关系和与伙伴的关系，因此对于工作，他会挑简易的先做，挑别人要求的先做，反而把自己重点应该做的工作给搁置了。这是因为，一方面，他很难拒绝他人；另一方面，他也很难主动提炼出工作的重点，很难把重心放在重点工作上。这就需要我们去帮助他在完成重点工作之后，再去满足其他人的需求。

（3）厘清思绪

这点主要是指我们要帮助 9 号和平型伙伴做好项目管理和时间管理，让他分清哪些是本职工作，哪些是兼职工作，哪些是需要婉拒的工作，哪些是独立工作，哪些是日常工作。最好在他面前贴一张项目时间进度表，并督促他，不断提高 9 号和平型伙伴边界管理的能力。

（4）学会提问

提问，这是个双向性脑力运动，既包括问什么，怎么问，还包括对方会怎么回答，如何追问，想要得到的结果是封闭式的还是开放式的。显然，9号和平型伙伴的内心是不想让对方为难，只是，如果从管理的角度和培养人的高度来看，提问的本领是9号和平型伙伴特别需要培养的领导技能。你需要经常性地告诉他，这是支持和培养领导干部的需要。

（5）临门一脚

我们知道，9号和平型伙伴内心有了决定也未必会公开表达，他们更喜欢先看看别人怎么做，以便不与大家的决定相反。但是，9号和平型伙伴经常这么做，就有可能总是等待别人的决策，这个时候我们需要帮助他突破内心的顾虑，临门一脚，作出决策。而这个决策是积极正向的。

四、突破自身领导力瓶颈 —— 假如我是9号和平型

之前，我们学习了如何发现并成交9号和平型客户，如何发觉并支持9号和平型工作伙伴，现在来看一看自己，假如自己是9号和平型领导，那么我们该如何活用、丰满自己的性格，突破以往的习惯思维和情绪，令自己的领导力能力更上一个台阶呢？

1. 你是9号和平型领导者吗？是不是总考虑他人立场

要想进一步了解自己到底是不是9号和平型领导者，不妨从内心觉察，问自己三个问题。

（1）做一件事情，首先想到的是他人的立场、考虑别人的感受和观察周围是否和谐稳定？

（2）当别人发表观点时，即便内心有不同声音，也尽量不表达；如果确实要表达，更多的也不是基于自己的立场？

（3）不习惯被人们关注，不愿意成为话题的焦点，相信船到桥头自然直，更喜欢舒适自在的状态？

请根据自己内心的真实念头和常有的想法认真作答，如果三个回答都是"是的"，那么，你很有可能是一位包容多元文化、善于发挥下属积极性的"民主管理"领导者。

2.9 号和平型领导：顺势而为的包容胸怀天赋

9 号和平型领导善于看到每个人身上的优点，善于发挥每个人的优势，允许他人做自己；善于顺应形势和大局，水到渠成地成就他人和公司。

作为 9 号和平型领导，他们天生就有一种奇特的本领，即善于发现并发掘他人身上的优点，总是优先考虑他人利益，重视员工关系、客户关系和供应商关系，大局意识强，善于包容不同观点和不同文化，在各方心目中都留有好人的印象。

我有一位 9 号和平型朋友，在政府工作 20 多年，先是市委组织部干事，后来到基层乡镇挂职，干到镇书记，先后在三个不同的县乡（镇）工作过。每次我去看他，都能看到他身边的同事其乐融融。他们说着乡音，开着玩笑，像家人聚餐一样，就把会开了。而且，只要他工作过的乡镇，当地干部群众都希望他留下来，因为这位领导好说话。好说话，其实是一位基层干部身上很好的禀赋。其实群众也明白，有些问题暂时解决不了，但是，一位领导肯陪着他唠嗑，听他说说心里话，大家就会觉得这位领导亲民、爱民，是位好领导。

我还有一位 9 号和平型学员，她家有四个姐妹和一个弟弟，她排行老二。四年前，大姐从地产公司转型出来，成立了一家财税公司，叫她过来帮忙。但一年多来，公司运行并不顺利，老大想把公司转让，9 号和平型的她提议再坚持一下，因为看着公司员工因此而失业她于心不忍，她也习惯了与大家共事，于是就把公司接下来，自己成了法人代表。

两年过去，公司业务逐渐增加，人员逐渐增多，旧有的办公场地已经很难同时容纳十几人办公，而且租金也在上涨，老大就提议搬到700米外的另一栋写字楼，不但租金便宜三分之一，场地也开阔。可是，她还是愿意留在老地方，一是因为多年的工作习惯，二是因为现在的场地就在地铁口旁边，交通方便。

公司成立的第三年，有一位新员工工作了两个月就要离职，因为劳动合同还没有签，他就到劳动局申告该公司没有与他签订劳动合同并进行索赔。老大因为这件事大为光火，要找这位员工理论，被她拦下来了，最后还赔了该员工一定的补偿金。公司里了解这件事的人都为她打抱不平，说那位新员工吃里爬外，不讲情义。可也正是因为这样，大家才更愿意跟随她，因为跟她在一起，自己绝对不会吃亏。

可大家还不知道的是，直到现在，她还和那位新员工常有联系，她并没有因为成为被告而和对方一刀两断。

你看，一般的老板和客户、员工、供应商关系好都可以理解，但是，和一个曾经跟自己打过官司的员工保持友好关系，这就不是一般的肚量了。这就是我们常说的，"宰相肚里能撑船"。

这就是9号和平型领导的天赋：顺势而为的包容能力。

3. 9号和平型领导力提升宝典：学会发问教练的领导表达

看起来，9号和平型也有很多担任领导的特质，比如善于为员工着想、大局为重、包容多元文化等。然而，每种性格都有它的另一面，如何平衡优势和不足，让身为领导的该型号人士的成功之路走得更远，以下领导力提升宝典可供借鉴。

（1）9号和平型领导需避免的做法

注意，当别人邀请你合作一个项目的时候，先问清楚自己几个问题：一是这个项目是你自己真的想做还是放不下情面，不好意思拒绝别人？二是关于这个项目进展最坏的情况是什么，你有没有能力应对最坏的情况？三是提防那些动不动拉你入伙，要做这个又要做那个的人，他们未必是真的需要你，他们可能只是需要你的钱。四是关于这个项目的操盘手和合伙人你了解多少？你有没有看到过他们最不堪的一面？

当你回答完以上问题，还想去做，那么接下来，你需要在管理工作中避免的问题有以下几点。

①过度放权：本来放手让下属干是好事，有利于激发下属的工作积极性，但是如果你已经发现下属越权过度了，又不好意思打断或阻止他们，你就要提醒自己：你不是一个人自得其乐，你要对整个团队负责，况且，管理就是权变的艺术，要学会在权力的权衡中把握团队的方向。

②机制固化：9号和平型领导在成熟的公司运营机制中会游刃有余，但是，面对市场的灵活转变，他可能慢三拍。可供参考的解决方法如将公司交给专业团队打理，或者对面向市场的职能部门做特殊的对待和考核。

③立场模糊：作为领导或者管理者，在很多是非的问题上必须旗帜鲜明，这样下属才会明白必须做的事情。只是基于9号和平型领导的内心倾向，他经常关注他人的立场并支持他人的做法，当出现对立的立场和观点时，有可能采取冷处理或者顺其自然的方式，而不会明确地支持任何一方，这样就难免会导致很多管理内耗。

④弱化自我：9号和平型领导的内心是不希望自己成为别人关注的对象，自然不愿意去强化自我。所以当9号和平型作为领导人或者管理者时，需要强化自我意识：强化语言表达、强化行动落实、强化建章立制、强化运营考核。而这些职业化要求的塑造，将更有利于公司的长治久安，毕竟公司不是

一个人舒适自在就可以的。

在项目结束阶段，如果事情办得好，大家自然没话说。如果事情没办好，留意自己的大事化小、小事化了的"好好"老好人习惯，一定要认真总结经验、吸取教训、找出办法，否则下一次合作的时候，别人会怎么选择呢？

（2）9号和平型领导力提升方法

①对抗运动：至少训练一项即时对抗性运动，比如乒乓球、羽毛球，或者参与团体对抗性运动，比如排球、篮球或者足球等，在运动中锻炼主动性、积极性，提高及时响应能力，培养"狼性"精神。

②时间管理：在桌面上设置一个项目管理的时间进度表，督促自己每天下班前对照工作表进行标记，重要的工作要做到今日事今日毕，绝不拖到明天，以此提高管理效能。

③融入圈子：经常参加提高领导力的培训和学习，培养公众演讲能力，掌握因人而异的管理，学习、了解科技前沿动态，学习、参观各地成功企业的经验和做法，加入商业协会圈子，力争从各方面把自己锻炼成成功企业家。

④学会发问：学会并掌握开会的艺术、发问的艺术和教练的能力，这是从根本上区别自然个体和团队领导的分水岭，也是9号和平型领导层级提升的关键。

⑤行走各地：在行走各地的过程中，了解不同的风俗人情，游览大美河山，同时接触各种人群体会内在想法的差异，这对于提高了解人、洞察人、驾驭人的能力将是大有裨益的。

关于9号和平型的教练问题

1.9号和平型自在随缘，在公司里擅长客服、工会等工作，他的关键词包括（　　）

A. 激烈、高效、强悍　　　　B. 关系、惯性、慢拍、融合

2.以下描述更有可能是9号和平型客户的是（　　）

A.爱好处处自我表现　　　　　B.与人交往平和安逸，人群中的好好先生

3.与9号和平型客户相处的八字要诀是（　　）

A.冲动决策，饥饿营销　　　　B.表达简练，稳妥行事

4.以下描述哪种是9号和平型？（　　）

A.凡事爱拼搏，当仁不让勇争第一

B.习惯考虑他人立场，在乎人与人之间的关系

5.可以向9号和平型学习什么？（　　）

A.排除万难，说干就干　　　　B.耐心细致，包容不同

6.如何支持9号和平型提升管理成效？（　　）

A.爱谁谁去，自己悠哉就好　　B.鼓励表达自我，关注工作重点

7.你觉得自己像9号和平型的原因是（　　）

A.我行我素，我的地盘我说了算

B.总让别人先决策，总考虑他人的立场和关系

8.9号和平型领导力的提升方向是（　　）

A.按部就班地规矩行事　　　　B.学会发问的领导表达

后 记

从 2013 年 5 月到 2022 年 6 月，历时九年，前后四版，终于完成本书。

有些感慨，很多事情过了很久，已经物是人非；有些愚钝，总是写不出得体的表达，反反复复删了又改；有些木然，好像一个梦，在梦里不知道要醒来。

在这里，我想感谢一些人，是他们，一直给我支持，支持我将这门人性的学问传播分享给更多的人，让更多因九型人格受益的人逐渐走向身心自由和心灵丰盛。

我要感谢我的家人，尤其是我的太太，她以她那通融的大智慧默默地支持我，在我事业低谷的时候，依然能够保持心平气和。还有我的孩子安宁，因为九型人格，我们可以看到、理解彼此的很多不同。当然，在家里，我做的还远远不够。

我要感谢职场中的领导与同事们，是他们，帮助我在职场当中去研究、运用、分享和传播这门学问。其实，这本书的写作初衷就是将我在 2011 年至 2014 年期间，巡讲"九型人格与集团客户攻关""九型人格与卓越团队建设"以及"九型人格领导力"的上百场课程进行汇总集锦，这些也正是这本书的框架。

做事业，从来没有什么一帆风顺的坦途，任何人都需要经营自己，经营自己的事业，更需要经营自己和周围的圈层关系。而九型人格这门西方的"读心圣经"恰恰给到经营自己的具体而透彻的路径和方法，让我们可以少走几年甚至几十年的弯路。

就像你看到每一页，脑海里都会浮现出熟悉的身影，当你通读全文，就会有很多恍然大悟的瞬间。如果真是这样，那么恭喜你，你开启了经营圈层关系的"心的钥匙"，这把钥匙的学名叫作"九型人格"。

　　我希望通过这本书，能够帮助广大读者深入地洞见自我、高效地达成销售、和谐地处理与领导及同事的各种关系并有策略地实现自我成长。

　　我要感谢在九型人格学习路上遇见的所有师长、师兄和同行们，是他们教会我专业上的中正、严谨与开放；是他们教会我人性中的豁达、放下与宽容；也是他们无言的身体力行，让我深知九型人格这门学问不是你多么会讲、讲得多么生动就能赢得大家的尊重。

　　这门学问不是靠讲出来的，而是靠活出来的。九型人格是对自己的格局放大、对周围的关系圆融、对自己的事业有推动作用的生活实践科学，是让人活出通透、智慧的人生状态。

　　我要特别感谢蔡敏莉老师对我考取 EPTP（九型人格专业培训计划）全球认证导师牌照期间的严格要求，那一幕幕深深地印在我的脑海，也让我一次次走出自己的狭隘与固执；我要感谢我们国际中华九型人格应用研究会（ICEAA）理事长王耀堂师兄，他带领研究会每两年组织一次国内最大规模的九型机构和导师峰会，让大家相互学习、取长补短，更好地致力于将九型人格运用到个人、家庭和职场等方方面面；我要感谢中国九型人格网创始人沈有道师兄，是他让我有机会在网上为广大九型爱好者开通专业的音像讲解频道，也让九型人格这门口述学派，通过系统运作和大数据采样对标等方式，为企业的人力资源管理和个人的成长作出不小的贡献。现在，每个省份都有我九型人格网的网上俱乐部和微信群，让人们足不出户就能通过手机学习和实践这门人性的科学。

　　我要感谢我在江西卫视录制《金牌调解》期间的合作伙伴胡剑云老师。我们在 2015 年共同创办了"九型生活家"这个微社区家长学习平台，也尝试召开了第一、二、三届"生活家教练孵化营"。胡老师客观而冷静的头脑和全局而缜密的分析思考至今深深地影响着我。

　　我要感谢江西师大（博雅国际心理资本研究院院长）戴烽教授。她组织并举办了三年"一品九型人格工作坊"，让我得以零距离学习她身上谦逊好学和理解宽容的品德。

我要感谢深圳鸿德文化创始人九月女士。她以超乎常人的淡泊与耐性，组织了一年八期的"升级生命系统暨一品九型人格工作坊"。在她身上，我看到了一位"活出来"的心理咨询师（身心灵导师）的模样，也看到了自己身上需要继续修正和提升的部分。

我要感谢丞洋领袖鲁丞洋总教练。他在做题为"带爱回家"的青少年逆商、情商和演讲训练，踏踏实实地带着孩子走完整个教练阶段。鲁教让我有机会参与，给孩子的爸爸妈妈们做一些"认知自我"和"因材施教"的实践训练。看着孩子的进步和家长的笑脸，我倍感欣慰。

我要感谢江西优兰德的周总。她始终践行着"客观、真实、科学、规范"的经营理念和处世标准。对于九型人格而言，她不仅仅是运用，更是在简便、实效和转化上下功夫。有了周总的支持和坚持，我们会一直向前走下去。

当然，我还要感谢在南昌、沈阳、昆明、福州、赣州、九江、广州、南宁、苏州、宣城、北京、深圳等地组织举办"一品九型心理咨询师""一品九型人格企业家""因人而异的教练""领袖心法""中国好家风""一品九型人格与公众演讲"等课程的合作机构和伙伴们，是你们，让我们和更多的人息息相关，相互支持走过三天两夜的自我洞见与美好。在今后的日子，希望能够继续精诚合作，服务和支持更多人实现蜕变。

我要感谢我的管理学老师江西财经大学党委书记卢福财教授、组织行为与人力资源老师江西财经大学党委常委、副校长袁红林教授、营销学老师原MBA学院院长杨慧教授、信息管理学老师勒中坚教授以及江西财大深圳研究院副院长詹伟哉博士，老师们对本书的编写和出版提出了优化建议，还有我们快乐家园、赣南师大九五中文系的同学，特别是江西财经大学MBA2005级二班的同学们，王侃让我见证了一名师范生如何克服困难、坚定信念抵达幸福彼岸的人生历程，一直给我鼓励！还有朱文广、熊胜平、姜明富、丁蔚、万彬、刘琼、郑力等同学总在默默支持着我出版本书，同学情谊难忘，唯有学以致用为报。

我要感谢深圳电视台《第一调解》《真爱来了》《都市路路通》等栏目组的同事和嘉宾老师们，是他们，给了我用九型人格、绘画投射、系统排列、意向催眠等心理专业调解和解决家庭纠纷的场景和机会，展示了这门人性科学解决实际家庭问题和心理问题立竿见影的效果。

这里最要感谢的还有我的好朋友，也是北京联大文化发展有限公司的主编邓明先生，是他一直以来默默关心和支持着我，九年时间不放弃，才让本书得以顺利出版。

这个时候，耳畔又响起九型人格老师海伦·帕尔默教授于 2016 年九型人格世界大会上对我说的话（下文为翻译）："我知道你已经在传播九型人格，这门学问是很有灵性的，所以，你知道该怎么做。"

现在，我想告诉大家，这本书的出版，是我 12 年以来九型人格传播历程的总结，希望它能够帮助所有职场人士在职业道路上少走弯路，多走上升路。